①購入した組立てキット一覧

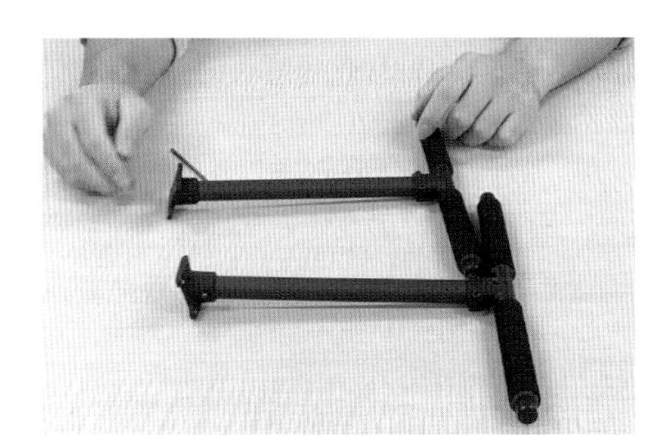

②組み立てた脚部（スキッド）

③胴体部の組立て

④モータアームの取付け

⑤分電盤・ESC のはんだ付け

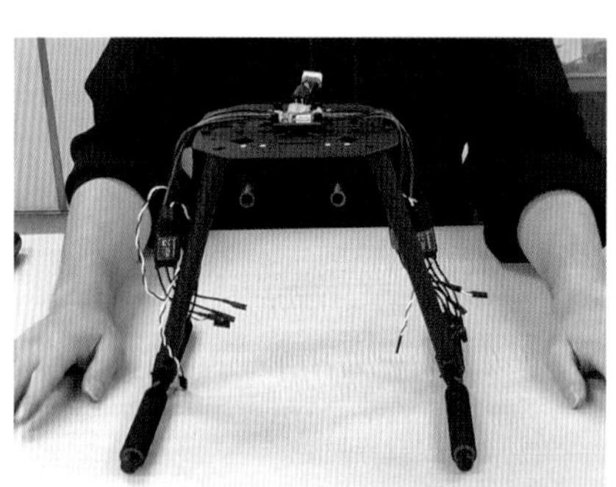

⑥胴体部への分電盤の取付け

⑦胴体部にモータアーム，プロペラマウントと FC の取付け

⑧ VMware Workstation Player のインストール準備

⑨ VMware Workstation Player のインストール完了

⑩ VMware の起動，Ubuntu のダウンロード開始

⑪ Ubuntu のダウンロード完了

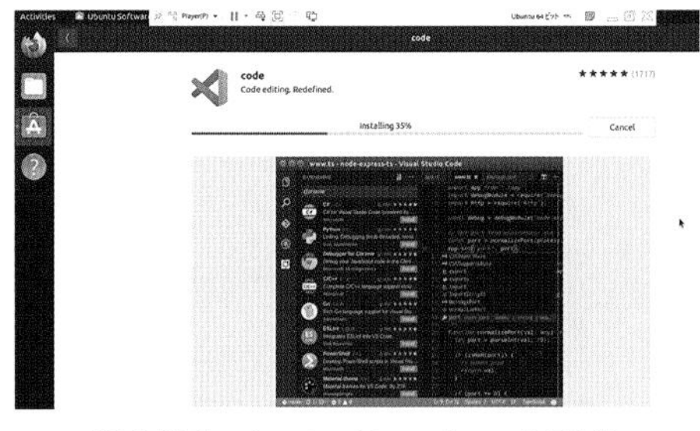

⑫ VSCode のインストール開始

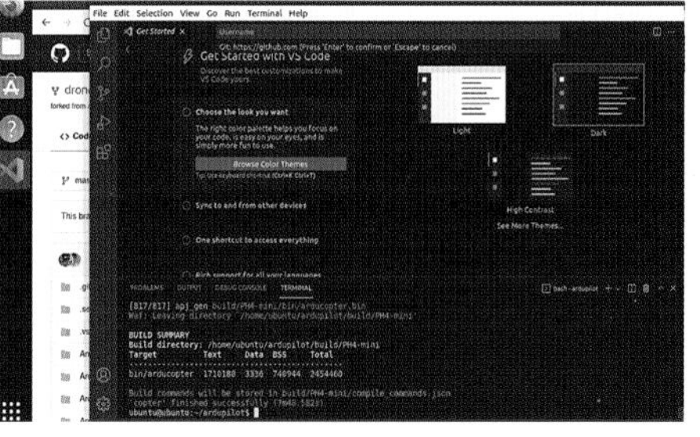

⑬ファームウェアのビルド

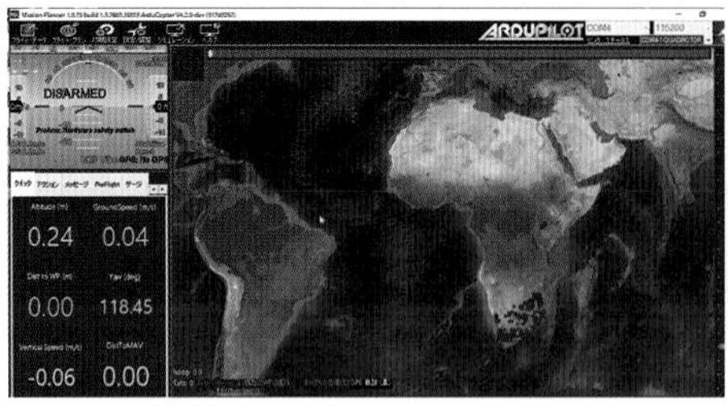

⑭ Mission Planner の実行

⑮ラジオキャリブレーション
（加速度，ジャイロ，コンパス，
モータなどの較正）

⑯ウェイポイント設定による自律飛行

DRONE

ドローンのつくり方・飛ばし方

構造、原理から製作・カスタマイズまで

野波健蔵
鈴木 智
王 偉
三輪昌史
［共著］

まえがき

ドローンという言葉が，「現代用語の基礎知識」ユーキャン新語・流行語大賞にノミネートされて，流行語大賞トップテンに選ばれたのが 2015 年でした．この年の 12 月 1 日に筆者が授賞式に招待され，受賞者として挨拶した言葉は，「ドローンという用語は 1930 年代に米国で誕生しており，流行語ではありません．社会にしっかりと根付いて新しい産業になっていきます」，こう話したことを記憶しています．あれから 7 年が経過して言葉どおりの世界が来ていることは周知のとおりです．そして，世界中にはトイドローンと呼ばれる 100 g 程度の手のひらサイズのドローンから，数 kg～数十 kg の空撮を含む産業用ドローンや，さらに大型の人を搬送できるパッセンジャードローン（日本では「空飛ぶクルマ」と呼ばれています）まで多くの機種が製作され販売されています．これらは飛行機型の固定翼やヘリコプタ型の回転翼，さらに，プロペラが 3 枚以上あるマルチコプタと呼ばれる回転翼，固定翼とマルチコプタを合体した VTOL 機などに分類できますが，固定翼を除いて空中で停止できるホバリングや，飛行経路を緯度・経度であらかじめポイント指定して与えておくとこれらのポイントをトレースするように自律飛行ができるウェイポイント飛行機能などが備わっています．

このような自律飛行型のドローンが誕生したのは 2010 年頃からです．きっかけは，フランスの Parrot 社が AR ドローンと呼ばれるホバリング可能な機体を数万円で販売してからです．同時に，この頃からフライトコントローラ（FC）単独の販売や，オープンソースの FC が出始めました．この結果，難解な姿勢推定アルゴリズムや自律飛行制御アルゴリズムに一切かかわることなく，FC を購入するか，または，オープンソースのハードウェアとソフトウェアを実装することで，容易に自律飛行型ドローンが製作できるようになりました．いわゆるホビー用ドローンの爆発的普及期の到来です．

それ以前は，姿勢制御や飛行制御を得意とする大学研究者や企業研究者などが，独自に FC を研究開発して飛行させるというレベルでした．筆者もこのグループでした．筆者らは約 10 年間近く，姿勢推定アルゴリズムや自律飛行制御アルゴリズムの高度化に取り組んで 2010 年頃に納得できる制御性能レベルに到達しました．実は，このような研究開発を行っていたチームが，現在の世界のドローンスタートアップとなり，世界のドローン産業を牽引しています．私も 2013 年に ACSL を創業し，現在，ACSL は日本のドローン産業を牽引しています．つまり，これらの企業はオリジナルな独自の FC で自律飛行しています．

しかし，姿勢推定アルゴリズムや自律飛行制御アルゴリズムの基礎部分はほぼ同じであることから，経験豊富な熟練した人たちを中心にオープンソース FC の流れが誕生していきました．その最大の世界の団体が2014年にLinux財団によって設立された非営利組織のDronecodeプロジェクトでした．そして，紆余曲折を経てオープンソースとして最も有名になったのは，PixhawkファミリーやArduPilotのソースコードです．

ドローンの製作はハードウェア50％，ソフトウェア50％といわれるほどにソフトウェアの比重が高まっています．FCのパラメータ設定値によって空中にピタリと静止できるかどうかが決まり，ウェイポイント飛行での目標経路からの誤差が決まります．今後，平衡感覚や運動機能を司る現在のFC（小脳）が，AI技術などの実装によって，ガイダンス機能（大脳）を有していくと真のオートパイロット（AP）に進化します．このことで一層，ドローンにおけるソフトウェアの比重が高まることが想定されます．

結局のところドローンを製作するということを，大きくハードウェアとソフトウェアに分けたとき，ハードウェア部品はネット通販などで購入して組み立てます．一方，ソフトウェアはAPI付きの実行ファイル実装済みFCを購入するか，または，オープンソースのハードウェアとソフトウェアをそれぞれ入手して，自前のFCを完成させることになります．このような流れで，自作ドローンを作るというのが一般的です．

本書は「ドローンのつくり方，飛ばし方」について，オープンソースを使った方法を詳しく説明しています．類似の書籍もありますが，オープンソースで最も世界的に普及しているPixhawkのハードウェアとArduPilotのソフトウェアに照準を当て，体系的にまとめた書籍は著者らの知る限りないと思います．さらに，市販されている機体フレームキットと市販のモータやESCを選定・購入して組み立て，このオリジナル機体上にPixhawk 4 Miniを搭載し，ArduPilotの開発環境構築とファームウェアの書込みを経て，飛行のためのパラメータ調整と飛行実験という流れで「ドローンのつくり方，飛ばし方」を説明しています．

さらに，オープンソースで使われているアルゴリズムにも触れて，どのようにドローンの姿勢推定をしているかの概略や，ドローンの飛行制御はどのように行われているかも解説していますので，初級や中級のみならず，上級クラスのエンジニアにも役立つ情報が満載されているものと確信しています．そして，もう一つの本書の特徴として，ハードウェアの組立プロセスとソフトウェアの環境設定やファームウェアの書込み，飛行前設定や飛行調整，実際の飛行実験などをオーム社HP上の本書のサイト（https://ohmsha.co.jp/book/9784274229053/）より動画（以下の4本）で見ることができます．

◆組立動画（約15分の動画）

◆ファームウェアセットアップ動画（約1時間40分の動画）

◆飛行前パラメータ調整動画と飛行実験動画（約20分の動画）

本書は，①実際にドローンのモノづくりを行うという観点と，②実際にドローン設計・製作などに欠かせない重要な内容を述べるという観点の二つの視点から説明しています．①については，機体のキットを購入して，モータなどの推進系はキットにふさわしい部品を別途手配しハードウェアを組み立てました．これらで約2万円程度です．次に，組み立てられた機体上でオープンソースのハードウェア Pixhawk 4 Mini に ArduPilot のソースコードを実装して，パラメータ調整を行い飛行させせるところまで，そのプロセスを具体的に説明していくことにしました．Pixhawk 4 Mini も約2.5万円です．したがって，本書で取り扱った総費用は1機当たり約4.5万円ということになります．②については，著者らの経験から，一般的なドローン製作における重要な内容を述べることにしました．

本書の章立ては，ドローンのつくり方の手順でもあります．まず，1章（担当：野波）では，全体を俯瞰するためにドローンの構成要素を中心に説明しています．次に，2章（担当：鈴木）では，ロータ発数やロータ配置，ドローンの構造部材，防振などについて述べています．3章（担当：王）では，モータ，プロペラ，バッテリー，ESC などの選定方法を解説しています．同時に，キットの組立てやモータなどの設置・配線などに触れています．4章（担当：野波）では，設計手順，オープンソースの現状をサーベイし，Pixhawk や ArduPilot で利用されている姿勢推定アルゴリズムや PID 型の飛行制御について解説しています．5章（担当：三輪）では，ドローンのつくり方の核心部分で，Linux のインストール，Visual Studio Code のインストール，ArduPilot の開発環境の構築，ファームウェアのビルドと書込みを説明しています．6章（担当：三輪）では，RC 送信機・受信機の選定，テレメトリ通信，画像伝送システムなどについて述べています．7章（担当：鈴木）では，地上局システムの概要，MAVLink 関連のデータ・コマンドの説明，オープンソース地上局ソフトの紹介をしています．最後に，8章（担当：三輪）では，Mission Planner での飛行前設定，マニュアル操縦での飛行調整，自律飛行について解説しています．本書の構成からも明らかなように，ハードウェア関係は2章，3章，6章で約60ページを割き，ソフトウェア関係は4章，5章，7章，8章で，約130ページを割いています．このことからもソフトウェアの比重が高いことがわかります．

読み返してみて，十分に説明できていない箇所があることを感じていますが，オープンソースの主流となっている Pixhawk と ArduPilot をいかに使いこなすかという観点に立って早く読者の皆様にこうしたノウハウをお伝えしたいという意気込みで，本書を書き上げました．これまで説明してきた本書の特徴から，本書は，マイドローンを作って飛ばしたいという強い願望をおもちのドローンビギナーの方，オープンソースは知っているけど使い方がわからない方，特に，Pixhawk と ArduPilot を十分に活用できていない方，そして，そもそもオープンソースのソフトウェアアルゴリズムを知りたい方のために書かれた書籍といえます．コンピュータ操作のスキル次第ですが，詳しく図解していますので，ドローンに関心をおもちの皆様が対象であり，中学生から大学生・大学院生，研究者，企業研究者・技術者など，幅広い層を対象としております．

世界を飛行しているドローンFCの2〜3割程度は，オープンソースであるともいわれています．これだけ市民権をもっているオープンソースですが，依然として賛否両論あります．長所は熟練したエキスパートの人たちによってバグ取りが迅速に行われて，最新のソースコードが安価でスピーディに世の中に普及できるという側面です．短所は，ソフトウェアに起因した致命的な事故発生の際の責任の所在が曖昧である点です．一方，完全に内製化したソフトウェアであれば，ソフトウェアのバグはすべて内製ソフト提供者の責任となりますので，責任の所在が明確です．一方で，開発期間に相当な期間と経費がかかります．著者らは内製化した独自のFCとオープンソースのFCの両方に習熟しているので，上述した長所と短所を身に染みて感じております．

オープンソースを使用する場合，もう一つ重要な点があります．オープンソースのソースコードを詳細に見れば明らかなのですが，適用限界というのがあります．小型ドローンはオープンソースのフライトコントローラで完璧な自律飛行ができますが，機体サイズや機体重量が大きくなると飛行安定性を保証できなくなるという問題があります．オープンソースの多くは発足の経緯からホビー系を対象としており，機体フレームは剛体と仮定し，モータなどのダイナミクスは考慮していません．しかし，機体サイズが大型化することで剛体から弾性体へと変化し，駆動系もダイナミクスが無視できなくなります．したがって，このような性能の限界を念頭に置きながら利用することをおすすめします．

ドローンをつくるという立場からすると，産業用ドローンは別として，趣味の空撮用ドローンなどではある程度のコンピュータを使いこなすスキルがあれば，オープンソースほど便利なものはありません．本書はこの立場から，ドローンをつくる楽しさと飛ばす楽しさを満喫いただくために書いた書籍です．是非とも，ドローン飛行の醍醐味を味わってください．

2022年7月

著者代表　**野波健蔵**

目　　次

1章　はじめに
～まずはドローンの全体像を知ろう～

1.1　機体システム……1
1.2　推進システム……4
1.3　計測制御システム……5
1.4　通信システム……6
1.5　地上局システム……8

2章　機体システム
～強度・構造・機器の干渉に配慮しよう～

2.1　ドローンのロータ発数の検討……10
2.1.1　トライロータ型　*10*
2.1.2　クワッドロータ型　*11*
2.1.3　ヘキサロータ型　*12*
2.1.4　オクトロータ型以上　*13*
2.2　ドローンのロータ配置の検討……14
2.2.1　円周上ロータ配置　*15*
2.2.2　最密ロータ配置　*15*
2.2.3　矩形型ロータ配置　*16*
2.2.4　V字型ロータ配置　*17*
2.2.5　非平面ロータ配置　*18*
2.2.6　同軸2重反転ロータ配置　*19*
2.2.7　同軸2重同転ロータ配置　*21*
2.2.8　シュラウド・ダクトファン構造　*21*
2.3　ドローンの構造部材の選定……22
2.3.1　木製部材　*22*
2.3.2　アルミ部材　*23*
2.3.3　樹脂（プラスチック）　*24*
2.3.4　繊維強化プラスチック　*24*
2.3.5　難燃性マグネシウム合金　*25*
2.3.6　可食性素材　*26*
2.4　機器の設置と防振について……27

3章　推進システム
～電動化の先端を行くエコドローン，推進系の最適化をしよう～

3.1　推進方法の考え方と選定の留意点 ……… 30
- 3.1.1　総重量概算　31
- 3.1.2　推進システムの選定　31

3.2　モータおよびプロペラ選定の考え方 ……… 32
- 3.2.1　モータ　32
- 3.2.2　ESC　36
- 3.2.3　プロペラ　38

3.3　バッテリー選定の考え方 ……… 40
3.4　試作の事例 ……… 46
- 3.4.1　小型空撮ドローン　46
- 3.4.2　電力設備点検ドローン　55
- 3.4.3　農薬散布ドローン　57

4章　設計手順とオープンソース，および姿勢推定アルゴリズムとPID制御
～Pixhawk 4 Miniの概要,使用されている姿勢推定とPID制御の概念を学ぶ～

4.1　マルチコプタの一般的な設計手順 ……… 59
4.2　ドローンに関するオープンソースの現状 ……… 62
- 4.2.1　フライトコントローラ用オープンソースハードウェア　63
- 4.2.2　オープンソースソフトウェアプラットフォーム　73

4.3　本書で使用するオープンソースハードウェアとオープンソースソフトウェア ……… 75
4.4　PixhawkとArduPilotで用いられている姿勢推定アルゴリズムと拡張カルマンフィルタ ……… 78
- 4.4.1　姿勢センサの構成要素　78
- 4.4.2　拡張カルマンフィルタを用いた姿勢推定アルゴリズム　80

4.5　PixhawkとArduPilotで用いられているFCのPID制御 ……… 91

5章　開発環境構築とファームウェアの書込み
～ドローンの頭脳部をつくる準備～

5.1　VMware Workstation Playerの準備 ……… 97
5.2　仮想マシンへのLinux(Ubuntu)のインストール ……… 98
5.3　UbuntuへのVisual Studio Codeのインストール ……… 109

5.4 ArduPilot開発環境の構築 …… 111
5.5 ファームウェアのビルドと書込み …… 122
5.6 ソースコードのカスタマイズ …… 126

6章　無線通信システム
～ドローンの命綱としての通信，ドローンを暴走させるな～

6.1 電波法と無線通信機器 …… 131
6.2 RC送信機と受信機選定の考え方と購入方法 …… 132
6.3 テレメトリ通信システム選定の考え方と留意点 …… 137
6.3.1 Digi XBee　137
6.3.2 P2400　138
6.4 画像伝送システム選定の考え方と留意点 …… 139
6.3.1 免許が不要な画像伝送システム　139
6.3.2 免許が必要な画像伝送システム　140
6.5 携帯電話回線を利用した方法 …… 141

7章　地上局システム
～Mission Plannerやデータの可視化としてのGCS～

7.1 地上局システムの概要 …… 144
7.1.1 地上局システムのハードウェア構成要素　144
7.1.2 地上局システムが備えるべきソフトウェア機能　147
7.2 MAVLinkからみる地上局システムが扱う，データ，コマンドの詳細 …… 149
7.2.1 SCALED_IMU メッセージ　149
7.2.2 SCALED_PRESSURE メッセージ　150
7.2.3 ATTITUDE メッセージ　151
7.2.4 GLOBAL_POSITION_INT メッセージ　151
7.2.5 RC_CHANNELS_SCALED メッセージ　152
7.2.6 ACTUATOR_OUTPUT_STATUS メッセージ　152
7.2.7 MAV_CMD_NAV_WAYPOINT コマンド　153
7.2.8 MAV_CMD_NAV_LAND コマンド　154
7.2.9 MAV_CMD_NAV_TAKEOFF コマンド　154
7.2.10 MAV_CMD_DO_FOLLOW コマンド　154
7.3 オープンソース地上局ソフトウェアの種類と特徴 …… 155
7.3.1 Mission Planner　155
7.3.2 QGroundControl　156

7.3.3　UgCS　*157*

8章　ドローンの飛ばし方
～ドローンを飛ばそう，ドローンの醍醐味を味わおう～

8.1　送信機の設定…………………………………159
8.2　Mission Plannerでの設定作業準備…………163
8.3　Mission Plannerでの飛行前設定……………168
8.3.1　フレームタイプ設定　*168*
8.3.2　Initial Parameter Setup による初期パラメータ設定　*170*
8.3.3　加速度センサの較正　*172*
8.3.4　コンパスの較正　*172*
8.3.5　ラジオキャリブレーション　*174*
8.3.6　フライトモード設定　*175*
8.3.7　フェイルセーフの設定　*175*
8.3.8　モータ動作の確認　*178*
8.4　マニュアル操縦での飛行調整………………183
8.4.1　飛行しながらの調整　*185*
8.4.2　Stabilize モードでのホバリングによる振動計測　*188*
8.4.3　Stabilize モードでのホバリングによるトリム調整　*193*
8.4.4　Alt_Hold モードによる高度制御の調整　*194*
8.4.5　姿勢制御のパラメータ調整　*197*
8.4.6　Loiter モードによる位置制御の調整　*199*
8.5　自律飛行…………………………………………201

製作したドローンの登録義務化について……………208
索　　引………………………………………………210

1章 はじめに

～ドローンの全体像を知ろう～

ドローンは大きく分類すると，図 1.1 に示すように五つの構成要素からできています．五つの構成要素とは，①機体システム，②推進システム，③計測制御システム，④通信システム，⑤地上局システムです．これらの構成要素の概要をここで述べますが，詳細は 2 章以降で事例を挙げながら説明します．

1.1 機体システム

機体システムは大きく分けて，**固定翼**，**回転翼**，**VTOL**（Vertical Take-Off and Landing）**機**（固定翼と回転翼の利点を生かした垂直離着陸機）に分けられます．また，回転翼は**シングルロータヘリコプタ**（以下，ヘリコプタと呼ぶ）と**マルチロータヘリコプタ**（以下，マルチコプタと呼ぶ）に分けられます．これらの長所

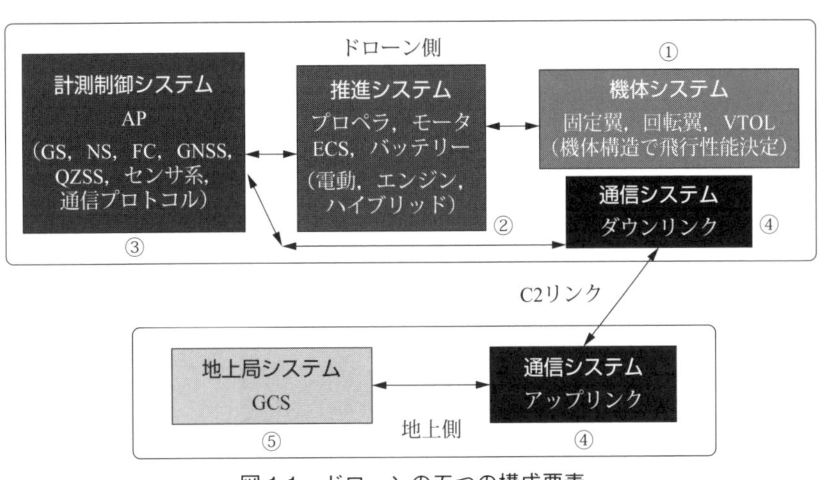

図 1.1　ドローンの五つの構成要素

や短所は明確であるために，用途に応じて機体システムを選択することになります．

たとえば，固定翼は高速飛行が可能であるが，離着陸時に滑走が必要となるため，滑走に必要なある程度の広いエリアが必要となります．一方，回転翼は垂直離着陸が可能であるため，狭いエリアでも離発着できるという利点がありますが，一般に高速飛行には向きません．そこで，固定翼の利点と回転翼の利点を生かして誕生したのが VTOL 機です．

VTOL 機の代表的な例は，米軍の最新鋭輸送機であるオスプレイが有名です．**図 1.2** はオスプレイの三つのモードを示しています．同図（a）が飛行機モードで時速 500 km の速度が出せる機体です．同図（b）は遷移モードを示しており，固定翼から回転翼へ，またはその逆の遷移を行うための飛行モードです．この遷移モードの状態でも飛行でき，**STOL**（Short Take−Off and Landing）**機**として利用できます．同図（c）はヘリコプタモードで，垂直離着陸を行います．また，空中でのホバリングも可能で，図では人を救助しています．

（a） 飛行機モード

（b） 遷移モード

（c） ヘリコプタモード

図 1.2　VTOL 機の代表例である米軍輸送機オスプレイ（有人機）

（a） ドイツのWingcopter198

（b） 日本のVTOL カイトプレーン不死鳥

図 1.3　VTOL 型ドローン（無人機）

図 1.3 は VTOL 型ドローンで，同図（a）はドイツの Wingcopter 社所有の Wingcopter198 で，1 回の充電でペイロード 6 kg を 75 km 搬送可能な優れた性能を有しています．一方，同図（b）が日本製の VTOL カイトプレーンで，（一財）先端ロボティクス財団が所有しています．目下，開発中の機体ですが，横浜市から千葉市までの東京湾縦断飛行約 50 km を図 1.3（b）の機体で，2022 年 3 月に成功させました．ペイロード 5 kg を約 100 km 搬送可能です．

ちなみに，欧米の機体システムの割合を示すと図 1.4 のようになります．このデータベースは，（一財）先端ロボティクス財団が目下，「世界ドローン年鑑 2022」を編纂している中で，調査した結果明らかになったことです．「世界ドローン年

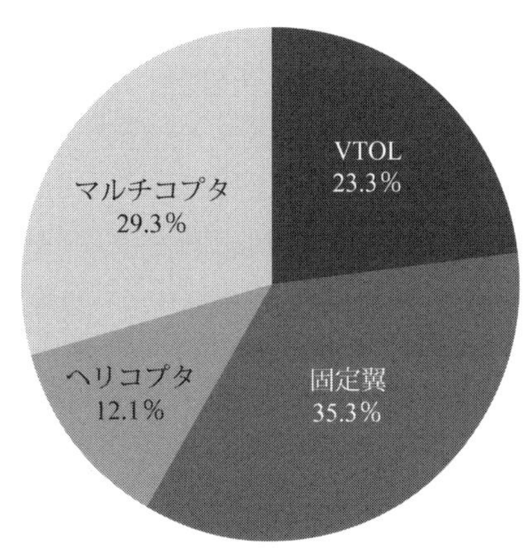

図 1.4　欧米における機体システムの種類によるシェア率

鑑 2022」のデータベースは世界のドローンメーカー約 750 社を詳細に調査した結果，欧米に関してはかなり詳細な傾向が明らかになったので，その一部を紹介するものです[1]．

VTOL 機は巡航速度では固定翼で飛行しているので，約 6 割が固定翼，残り 4 割が回転翼となります．一方，日本では VTOL 機 4 %，固定翼 4 %で合計 8 %，残り 92 %が回転翼ですが，ヘリコプタは 7 %で，85 %がマルチコプタです．世界ではマルチコプタが 29 %ですので，大きな違いがあることがわかります．これはお国柄に依存しており，飛行エリアが広い欧米では固定翼が中心となるのは理解できます．それでも，スイスやオーストリアなどでは回転翼，とくにマルチコプタが多用されていますので，山の多い国ではマルチコプタの利点が生かされるということでしょう．

なお本書では，機体システムについては簡便のために安価で製作が容易な 4 発ロータ型マルチコプタの空撮用のキット（機体フレームのみ購入）を利用して製作していきます．

1.2 推進システム

推進システムは**電動型**，**エンジン型**，**ハイブリッド型**の 3 種類があります．**図 1.5** に欧米の動力源別の割合を示します．図によれば，電動型は主にバッテリー駆動ですが，約 6 割が電動型となります．さらにハイブリッドやソーラー発電も電動型に含められるので，大まかに約 7 割が電動タイプとなります．日本の現状は，電動は 77 %，エンジン 16 %，ハイブリッド 7 %で，動力別についてはほぼ世界に類似しています．

表 1.1 は機体システムと推進システムの関係を示しています．表 1.1 では固定翼（大）と固定翼（小）がありますが，手投げなどによる離陸が可能な機体重量 10 kg 以下を固定翼（小）とし，カタパルトなどのランチャーや滑走路が必要な 10 kg 以上は固定翼（大）としています．表 1.1 より，VTOL 機は電動型が多く，次はハイブリッド型，エンジン型の順です．固定翼（大）はエンジン型が最も多く，次にハイブリッド型の順です．固定翼（小）は電動型が圧倒的に多いことがわかります．ヘリコプタはエンジン型が主流になっていることがわかります．マ

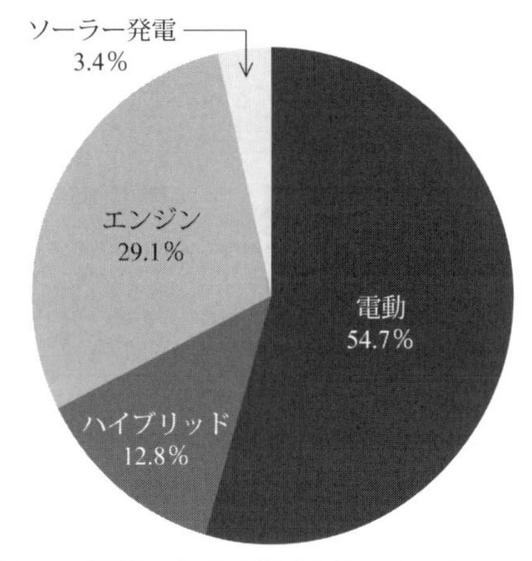

図 1.5　欧米における推進方法によるシェア率

表 1.1　欧米における機体システムと推進システムの関係

	電動	ハイブリッド	エンジン	ソーラー発電
VTOL	57.7 %	30.8 %	11.5 %	0
固定翼（大）	0	15.4 %	76.9 %	7.7 %
固定翼（小）	93.3 %	0	0	6.7 %
ヘリコプタ	21.4 %	0	78.6 %	0
マルチコプタ	88.2 %	8.8 %	0	2.9 %

ルチコプタはほぼ電動化されています．ソーラー発電は固定翼で応用されているのがわかります．このように機体の特性に適合して推進系が採用されているということです．

本書では，すでに述べたようにキット型の電動型マルチコプタを製作します．なお，市販のキットは機体フレームのみでモータ，プロペラ，ESC，バッテリーなどの推進システムは 3.4.1 項のような手順で設計して選定していきます．

1.3　計測制御システム

計測制御システムはドローンの頭脳部に相当しています．図 1.6 は計測制御系をブロック図で概念的に示しています．機体の姿勢などを演算する IMU（Inertia

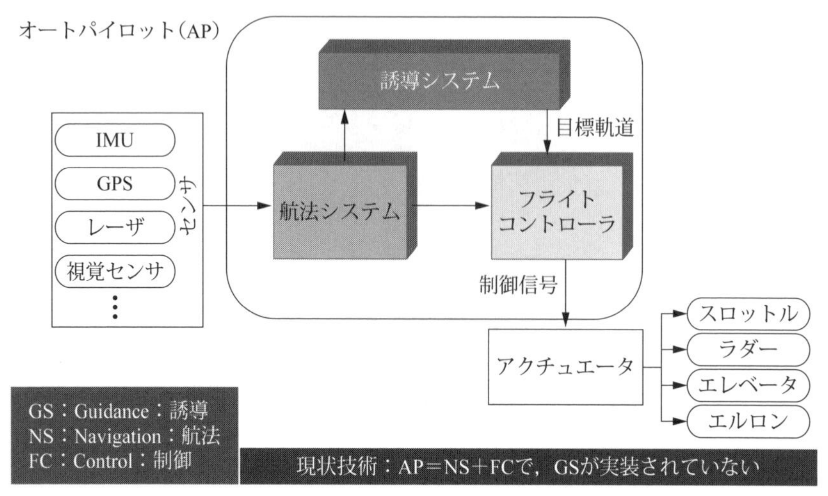

図 1.6　現状のオートパイロットと誘導・航法・制御を含む本来のオートパイロット

Measurement Unit）から推定される機体の姿勢推定値と姿勢目標値の比較をして，誤差があれば制御指令値を決めます．また，GNSS（GPS）受信機により機体位置を測位して目標位置との誤差を補正するように制御入力を決めます．これが図 1.6 の航法と制御の関係です．現在のドローンでは，この航法と制御のことを**フライトコントローラ**（**FC**）と呼んでいます．また，広く**オートパイロット**とも呼ばれていますが，現状のオートパイロットは AP＝NS＋FC のことです．本当のオートパイロット（**AP**）とは，図 1.6 のようにガイダンスという誘導があってはじめて AP となります．

本書では，キット型の電動型マルチコプタの製作を行います．そして，自律飛行の実現のためのオートパイロットである計測制御システムは，広く普及している汎用型の安価なオープンソースである Pixhawk 4 Mini を活用していきます．本書で使用する Pixhawk 4 Mini（PM06V2 電源ボード仕様）＋GPS の価格は本体価格で 24 800 円（本書発行時点）と比較的安価です．

1.4　通信システム

ロボットを利用する際には，その操縦や，画像伝送のために，電波を発射する無線設備が広く利用されています．これらの無線設備を日本国内で使用する場合は，電波法令に基づき，無線局の免許を受ける必要があります．ただし，他の無線通信に妨害を与えないように，周波数や一定の無線設備の技術基準に適合する小電力の無線局などは免許を受ける必要はありません．特に，上空で電波を利用する無人航空機等（以下「ドローン等」という）の利用ニーズが近年高まっています．国内でドローン等での使用が想定される主な無線通信システムは，**表 1.2**

表 1.2　総務省が定めているドローン等で使用可能な電波周波数帯
（出典：総務省電波利用ホームページ）

<table>
<tr><th>分　類</th><th>無線局免許</th><th>周波数帯</th><th>送信出力</th><th>利用形態</th><th>備　考</th><th>無線従事者資格</th></tr>
<tr><td rowspan="3">免許及び登録を要しない無線局</td><td>不要</td><td>73 MHz帯等</td><td>※ 1</td><td>操縦用</td><td>ラジコン用微弱無線局</td><td rowspan="3">不要</td></tr>
<tr><td rowspan="2">不要※ 2</td><td>920 MHz帯</td><td>20 mW</td><td>操縦用</td><td>920 MHz帯テレメータ用，テレコントロール用特定小電力無線局</td></tr>
<tr><td>2.4 GHz帯</td><td>10 mW/MHz</td><td>操縦用
画像伝送用
データ伝送用</td><td>2.4 GHz帯小電力データ通信システム</td></tr>
<tr><td>携帯局</td><td>要</td><td>1.2 GHz帯</td><td>最大 1 W</td><td>画像伝送用</td><td>アナログ方式限定※ 4</td><td rowspan="4">第三級陸上特殊無線技士以上の資格</td></tr>
<tr><td rowspan="3">携帯局
陸上移動局</td><td rowspan="3">要
※ 3</td><td>169 MHz帯</td><td>10 mW</td><td>操縦用
画像伝送用
データ伝送用</td><td rowspan="3">無人移動体画像伝送システム（平成 28 年 8 月に制度整備）</td></tr>
<tr><td>2.4 GHz帯</td><td>最大 1 W</td><td>操縦用
画像伝送用
データ伝送用</td></tr>
<tr><td>5.7 GHz帯</td><td>最大 1 W</td><td>操縦用
画像伝送用
データ伝送用</td></tr>
</table>

※ 1：500 m の距離において，電界強度が 200 μV/m 以下のもの．
※ 2：技術基準適合証明等（技術基準適合証明及び工事設計認証）を受けた適合表示無線設備であることが必要．
※ 3：運用に際しては，運用調整を行うこと．
※ 4：2.4 GHz 帯及び 5.7 GHz 帯に無人移動体画像伝送システムが制度化されたことに伴い，1.2 GHz 帯からこれらの周波数帯への移行を推奨しています．

のとおりです．今回飛行に用いるのは，6.2 節で述べている免許や登録のいらない 2.4 GHz 帯小電力通信システムです．

1.5 地上局システム

地上局システム（GCS：Ground Control Station）は，図 1.7 のようにドローンが現在どこを飛行しているかや，飛行中のドローンの飛行データや飛行が順調であることを視覚化する目的と，万一，異常が発生した場合に指令を地上からドローン側に送信する重要なミッションとなるシステムで，**基地局**とも呼ばれます．このため，ドローン側から地上側に送信される**ダウンリンク**と，地上側からドローン側に指令コマンドを送信する**アップリンク**とがあり，これらを**テレメトリ通信**と呼びます．また，2 方向の通信であることから **C2 リンク**（Communication 2-Way Link）とも呼ばれています．さらに，点検や測量などで取得された観測データなどをリアルタイムで通信システムを介して受信するという目的も有しています．なお，図 1.7 のような本格的な地上局は高価で扱いづらいことから，最近はスマートフォンの画面上にアプリをダウンロードして，簡便に GCS を構成することが多くなっています．

本書は，以上で述べたドローンの五つの構成要素について，以下の章にて詳し

図 1.7　地上局システムの例（本格的な地上局）

く説明していきます．

2章では，図1.1の①機体システムについて述べます．ここでは回転翼のマルチコプタに限定して詳しく説明します．

3章では，図1.1の②推進システムについて述べます．ここでは電動化，すなわち，モータ駆動方式に焦点を当てて説明します．

4章と5章では，図1.1の③計測制御システムの内容について説明します．

特に，4章では2章と3章で説明した内容を基礎として，まずはドローン全体の設計手順を述べます．次に，本書で利用しているオープンソースを俯瞰的に解説した後に，Pixhawk と ArduPilot を含む，姿勢推定アルゴリズムと PID 制御について説明します．

5章では，3章までに組み上げられた機体にオープンソースの Pixhawk 4 Mini と ArduPilot を実装するためのコンピュータ上の環境設定や実装の仕方について具体的に述べていきます．

6章では，図1.1の④無線通信システムについて，実際に本書で用いる通信システムに関して説明します．

7章では，図1.1の⑤地上局システムについて，オープンソースの MAVLink を中心に使い方について説明します．

8章は，ドローンを飛ばすための Pixhawk 4 Mini と ArduPilot に関する主要なパラメータチューニングや，飛行テストの準備および安全な飛行の仕方についての説明となっています．

【参考文献】

［1］ 野波健蔵監修：「世界ドローン年鑑 2022」，先端ロボティクス財団，電子出版（2022）

2章 機体システム

～強度・構造・機器の干渉に配慮しよう～

本章では，マルチロータ型ドローンの機体形状および構成材料の検討を行います．はじめに，ロータの個数を決定するために，ロータ個数ごとのドローンの特徴や利点・欠点について説明します．続いて，ロータの幾何的配置について検討を行い，最後に，ドローンを構成する材料の選定と搭載機器の配置について説明します．

2.1 ドローンのロータ発数の検討

本節では，マルチロータ型ドローンのロータ発数の検討を行います．ロータ発数とは，ドローンが有しているロータの個数と同義であり，4 個のロータをもつ場合は**4 発ロータ型ドローン**，6 個のロータをもつ場合は**6 発ロータ型ドローン**のように呼びます．一般に，3 発以上のロータを有するドローンをマルチロータ型ドローンと定義するため，ここでは 3 発以上の各ロータ発数についてその特徴と利点・欠点について説明します．マルチロータ型ドローンのロータ発数は，ロータが回転する際に発生する反動トルクを打ち消すように，互いに反転する 2 発のロータ対を基本構成要素とするため，トライロータを除いてそのロータ発数は偶数であることにご注意ください．

2.1.1 トライロータ型

3 発のロータを有するドローンを**トライロータ型**と呼びます．トライロータ型ドローンおよび各ロータの回転方向の一例を**図 2.1** に示します．1 番ロータが時計方向回転，2 番，3 番ロータが反時計方向回転となります．また，図 2.1 (b) を用いてドローンの座標系と回転について説明します．図中の x–y–z で表された座標系がドローンの機体固定座標系であり，x 軸の右ネジ方向の回転を**ロール**，y 軸の右ネジ方向の回転を**ピッチ**，z 軸の右ネジ方向の回転を**ヨー**とそれぞれ定義し

(a) Atlas PRO
(https://www.atlasuas.com/products/atlaspro)

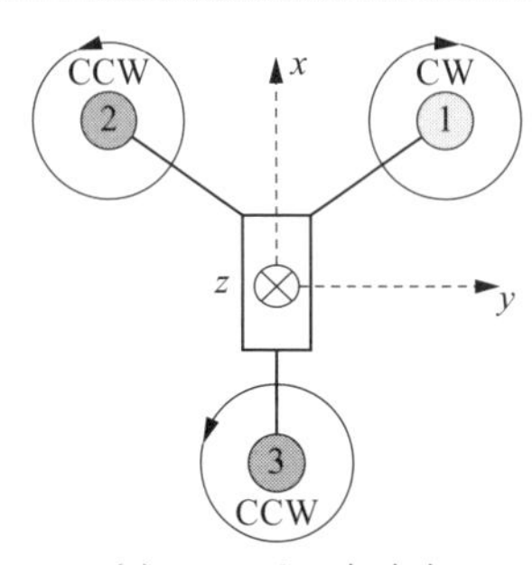

(b) ロータ回転方向

図 2.1　トライロータ型ドローン

ます．トライロータ型の場合，時計方向回転のロータよりも反時計方向回転のロータの数が多いため，反動トルクのつり合いがとれず，そのままではヨー方向に機体が回転してしまいます．そのため 3 番ロータをサーボモータなどによって左右に傾斜させることでヨー方向回転を抑えます．

トライロータ型は最小のロータ発数で構成することができるため，小型化がしやすいという特徴があり，構造物に近接する際などに有利になります．また，サーボモータによってヨーイングトルクを素早く変化させることができるため，ヨー方向の運動特性が優れていることに加え，他のマルチロータ型ドローンと比較してエネルギー効率が良いというメリットもあります．

しかし一方で，回転するロータをサーボモータによって素早く駆動する必要があるため，負荷によってサーボモータの故障が発生しやすいという欠点があります．また，テールロータを有するシングルロータヘリコプタと同じ機体構造であるため，機体が左右どちらかの方向に常に傾斜しながら飛行することとなり，4 発以上のマルチロータ型ドローンのように水平姿勢を保って飛行することはできません．さらに，ロータ回転数変動とサーボモータの駆動を組み合わせているため，他のマルチロータ型ドローンと比較して制御が若干複雑になることもデメリットとして考えられます．

2.1.2　クアッドロータ型

4 発のロータを有するドローンを**クアッドロータ型**と呼びます．図 2.2 にクアッドロータ型ドローンおよびロータ回転方向の例を示します．クアッドロータ

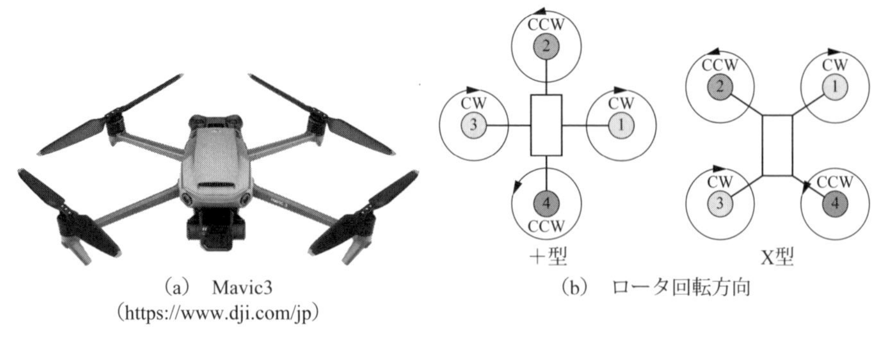

(a) Mavic3
(https://www.dji.com/jp)

(b) ロータ回転方向

図2.2 クアッドロータ型ドローン

型は，互いに反転する2組のロータ対から構成されており，すべてのロータの回転数を同一とすれば，理想的には機体にかかる3軸のトルクが0となります．図2.2（b）に示すように＋型とX型の構成方法が存在しています．＋型とX型で基本的な飛行性能に違いはありませんが，＋型の方が各ロータへの入力のミキシングがシンプルになるということや，X型の場合，機体前方向きのカメラを搭載した際にカメラの画角内にロータが映り込みにくいといった各種特徴があります．

製作する機体は表紙の写真や口絵⑦から明らかなようにアームとスキッドやGPS受信器の配置からX型としています．

クアッドロータ型は，ドローンが飛行するのに最低限必要となる3軸のトルクおよび上昇方向推力の4入力を独立に生成可能な最小のロータ発数となっており，トライロータ型と同様にエネルギー効率が良いという特徴があります．また，トライロータ型よりロータが冗長になっているため，1発のロータに不具合があり，停止しても残りのロータの回転数を適切に制御することによって飛行継続が可能となります．しかしながら，その場合，ヨー方向の回転は制御不能であり，機体が高速にヨー方向に回転し，機体を安定して飛行させるには大変な困難が伴うことに注意してください．

2.1.3 ヘキサロータ型

6発のロータを有するドローンを**ヘキサロータ型**と呼びます．**図2.3**にヘキサロータ型ドローンおよびロータ回転方向の例を示します．クアッドロータ型と同様にすべてのロータの回転が同一であれば理想的には3軸のトルクは0となりま

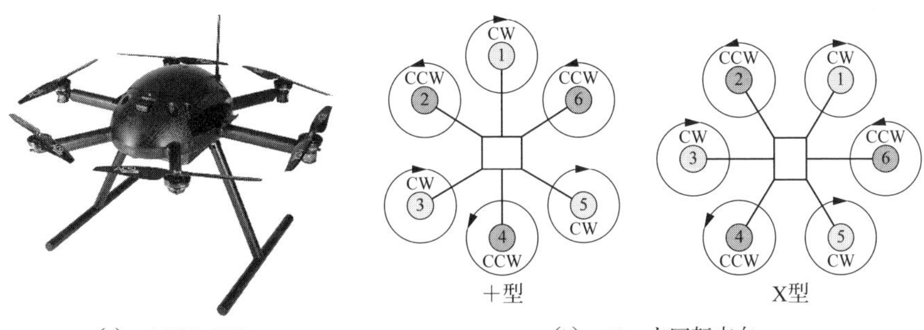

(a) ACSL-PF2
(https://www.harada-bussan.jp)

(b) ロータ回転方向

図 2.3 ヘキサロータ型ドローン

す．また，こちらもクアッドロータ型と同様に＋型と X 型が存在しています．一方，ヘキサロータ型はクアッドロータ型と違い，ロータ発数が 3 軸のトルクおよび上昇方向推力の 4 入力に対して完全に冗長となっているため，1 発のロータが停止しても，各ロータに適切に推力を分配することによってヨー方向を含めてすべての軸を制御可能であり，故障時の安全性に優れているという利点があります．本来三次元剛体の位置と姿勢を空間中で自在に制御するためには最小で六つの入力が必要であり，次節で詳しく説明する非平面型配置などを利用することでドローンの位置と姿勢を独立に制御することも可能となります．

しかしながら，ロータ発数が増えることでクアッドロータ型と比較して全体のエネルギー効率が低下することに加えて，部品点数が増えることによって高価になってしまうということや，構造が複雑になるため整備性が悪くなってしまうという欠点があります．

2.1.4 オクトロータ型以上

ロータ発数を 8 発以上に増やすことで，ロータの冗長性が増加するため，ロータ故障時の安全性が高まる傾向になります．また，ロータが増えることで合計推力が増加するため飛行可能重量が増加します．**図 2.4** に 8 発のロータを有する**オクトロータ型**ドローンおよびロータ回転方向の例を示します．図からわかるようにロータ発数が増加することによって，胴体とロータを結ぶアームの長さを長くする必要があり，それに伴って機体が大型化します．一方，ロータ配置のバリエーションが増え，さまざまな形態をとることが可能となります．ロータ配置に

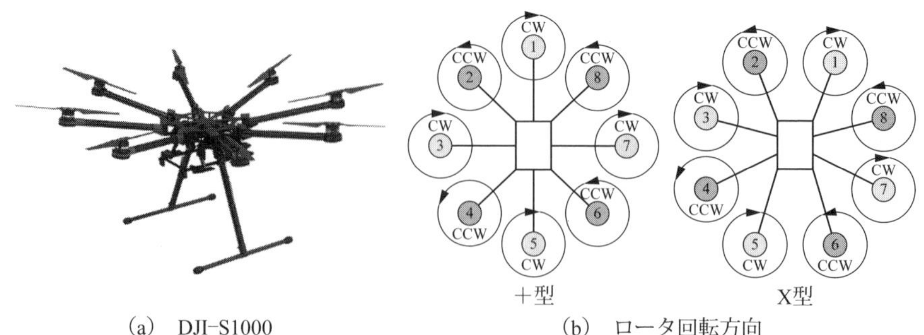

(a) DJI–S1000
(https://www.dji.com/jp/spreading-wings-s1000)

(b) ロータ回転方向

図 2.4　オクトロータ型ドローン

図 2.5　10発以上のロータを有するドローンの例（Volocopter Volocity）
（https://www.volocopter.com/）

よる違いや特徴については次節で詳しく説明します．

また，図 2.5 に 10 発以上のロータを有するドローンの例を示します．上述したとおりロータ発数を増やすことで可搬重量が増加するため，空飛ぶクルマのように人・物輸送を目的としたドローンでは10発以上のロータを有する機体が多くみられます．しかしながら，ロータ発数の増加に伴いエネルギー効率は低下していくため，使用目的に従って適切なロータ数を決定する必要があります．

2.2　ドローンのロータ配置の検討

本節では，ロータの幾何学的配置について検討を行います．同一のロータ発数でもロータをどのように配置するかによってドローンの特徴は異なります．以下では，代表的なロータ配置の概要と特徴，検討のポイントについて解説していきます．

2.2.1　円周上ロータ配置

図 2.6 に示すようにすべてのロータを同一円周上に配置する方法を**円周上ロータ配置**と呼びます．これは大多数のドローンで採用されている最も一般的でシンプルなロータ配置ということができます．前後左右に対称となるロータ配置であるため，各ロータへの推力配分の計算が比較的容易であるという特徴があります．しかしながら，円周上ロータ配置の場合，ロータ発数の増加に伴って，機体中央部分にデッドスペースが増えていくとともに，ロータアームを長くする必要があり，機体が大型化しやすいという欠点があります．

2.2.2　最密ロータ配置

発数が多い円周上ロータ配置の機体に生じる中央付近のデッドスペースにさらにロータを配置する方法を**最密ロータ配置**と呼びます．図 2.7 に最密ロータ配置の例を示します．円周上配置と比較してデッドスペースが少なくなるため，同一発数の円周上配置よりも機体の小型化が可能です．また，ロータ発数が多いこと

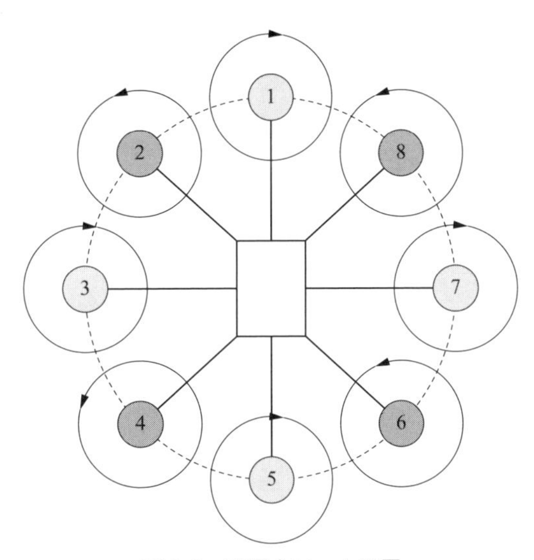

図 2.6　円周上ロータ配置

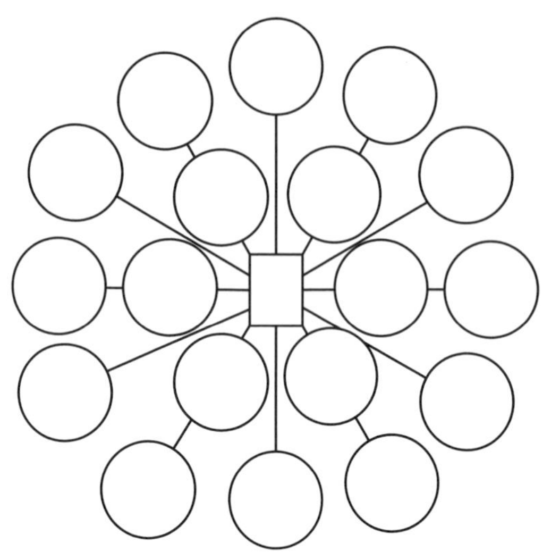

図 2.7　最密ロータ配置

によって冗長性が増すため，ロータ故障時の安全性は向上すると考えられます．しかしながら，各ロータへの推力配分が複雑になることに加えて，ロータ推力によって発生するモーメントに異方性が生じてしまうという欠点があります．基本的には 12 発以上のロータを有するドローンに対して有効であり，図 2.5 に示す Volocopter Volocity などの空飛ぶクルマに最密ロータ配置が採用されていることで有名です．

2.2.3　矩形型ロータ配置

機体前後を長手方向にとった長方形の各頂点および辺上にロータを配置する方法を**矩形型ロータ配置**と呼びます．図 2.8 に矩形型ロータ配置の例を示します．前後方向のモーメントアームを大きくとることで，前進飛行時の操縦特性を上げることができることに加えて，進行方向に対する空気抵抗を低減する構造となっているため，レース用ドローンなど前進方向に高速で移動するドローンでよく用いられている配置です．一方，直方体形状の配送物などのペイロードを搭載することや，トラックなどの荷台に機体を搭載するのに適した形状となっており，Alphabet 傘下の Wing 社の配送ドローン（図 2.8（a））のように荷物運搬に特化した機体でもこの配置が多く見られます．

(a) Wing社の配送ドローン
(https://wing.com/)

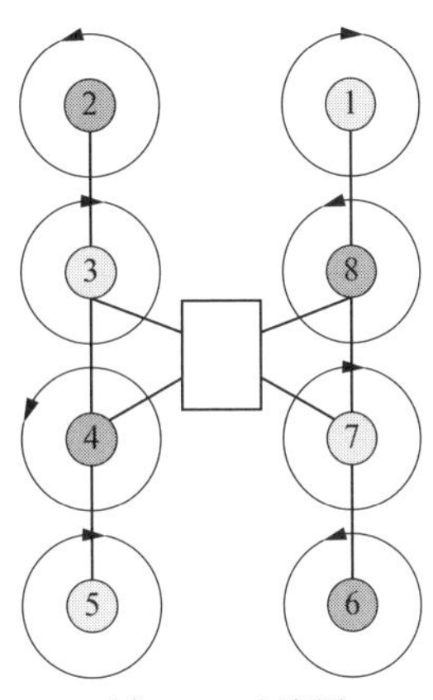

(b) ロータ配置

図 2.8 矩形型ロータ配置

2.2.4 V 字型ロータ配置

矩形型ロータ配置において，機体前方の左右ロータ間距離を後方の左右ロータ間距離よりも大きくした配置方法を**V 字型ロータ配置**と呼びます．**図 2.9** に V 字型ロータ配置の例を示します．このような構造をとる最大のメリットはドローンの前方向きに取り付けたカメラの画角内にロータが映り込むことがなくなることです．そのため，Intel Falcon8（図2.9（a））のように空撮業務に特化したドロー

(a) Intel Falcon8

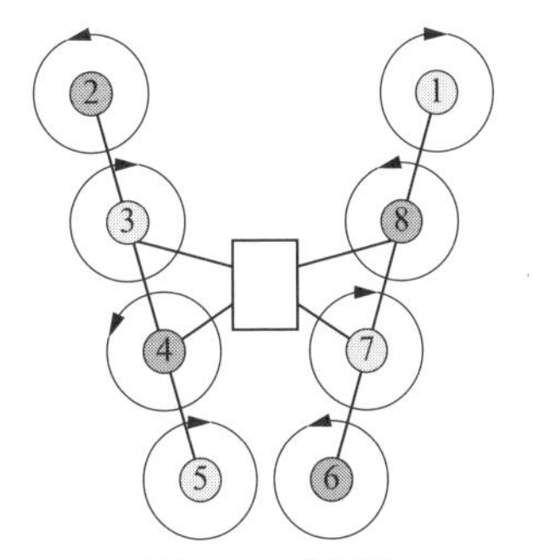

(b) ロータ配置

(https://www.intel.co.jp/content/www/jp/ja/drones/falcon-8-drone-brief.html)

図 2.9 V 字型ロータ配置

ンに採用されています．飛行特性は矩形型ロータ配置とほぼ同様であると考えられますが，機体前後方向に対してロータ配置の対称性がないため飛行調整が若干複雑になります．また，ロータによってモーメントアームが異なるため，特定のロータにのみ負荷が多くかかる場合も考えられ，制御性，効率の面でデメリットが存在しています．

2.2.5 非平面ロータ配置

一般的なドローンのロータ配置は，すべてのロータが同一平面上に配置されており，かつロータの推力方向はすべて機体上方を向いています．このような平面型のロータ配置に対して，ロータを非平面状に配置する方法を**非平面ロータ配置**と呼びます．6発以上の非平面ロータ配置の場合，各ロータに適切な推力配分を行うことによって，機体にかかる3軸の外力および3軸のトルクを独立に生成することが可能となるため，剛体の6自由度を独立に制御可能となります．これによって，水平方向の風外乱に対する即応性が向上し，構造物付近など大きな風外乱が想定される環境で精密に飛行することができるというメリットがあります．非平面ロータ配置にはロータを胴体に固定する**パッシブ型**と各ロータをサーボモータなどによって駆動する**アクティブ型**の二つが存在します．図2.10にパッシブ型非平面ロータ配置の例を，図2.11にアクティブ型非平面ロータ配置の例をそれぞれ示しています．以下ではパッシブ型，アクティブ型それぞれの特徴について説明します．

パッシブ型非平面ロータ配置の場合，ロータを単純に傾けて胴体に固定するだけのため，マルチロータ型ドローンが元来もつ構造の単純さを引き継ぐことがで

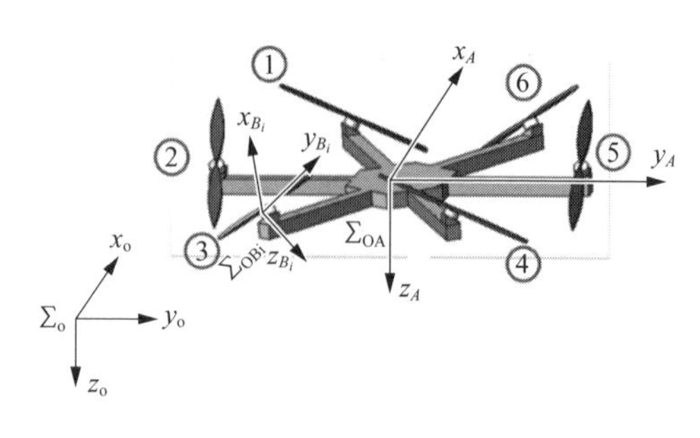

図2.10　パッシブ型非平面ロータ配置の例[1]

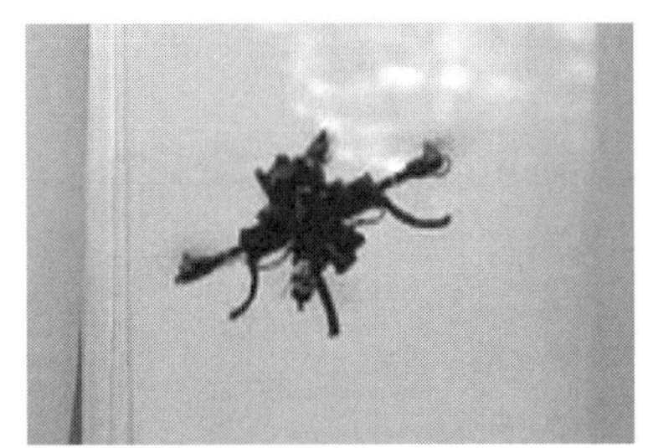
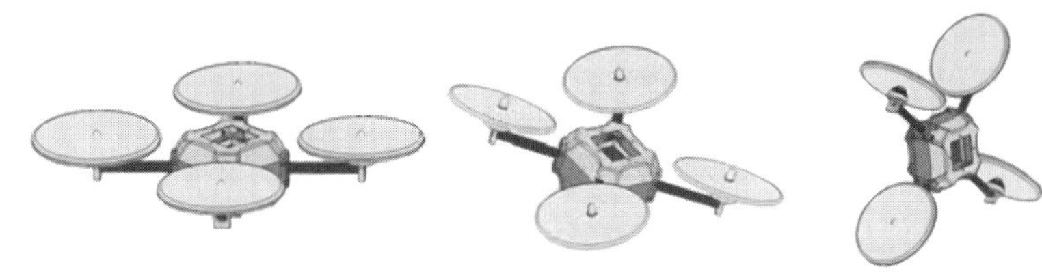

図 2.11　アクティブ型非平面ロータ配置の例[2]

きます．そのため，機体の保守・整備性に対してメリットがあります．しかしながら，ロータを傾けることで機体の自重を支える推力成分が減少するため，飛行時のエネルギー効率が低減してしまいます．

一方，アクティブ型非平面ロータ配置の場合，ロータの傾きをサーボモータなどによって能動的に制御するため，状況に合わせて平面型ロータ配置と非平面ロータ配置の二つの特性を併せもつことができます．しかしながら，アクチュエータや機構部品などの部品点数が増加するため，機体のシンプルさが損なわれ，故障の可能性の増加や保守・整備性の低減といったデメリットが存在しています．

2.2.6　同軸 2 重反転ロータ配置

互いに反転する 1 対のロータが同じ回転軸上に配置された構造を**同軸 2 重反転ロータ配置**と呼びます．図 2.12 に同軸 2 重反転ロータ配置の例を示します．同軸 2 重反転ロータ配置の場合，反転するロータ対が互いの反トルクを打ち消す構造となっているため，これを一つの推力ユニットとしてそれらの配置を自由に決定することができます．そのため，ここまでに紹介した各種ロータ配置との複合で用いることが可能です．同じ面積内に 2 枚のロータを配置することができることから，使用するロータ発数に対して機体を小型化しやすいという特徴がありま

(a) Ehang passenger e-VTOL
(https://www.ehang.com/uam/)

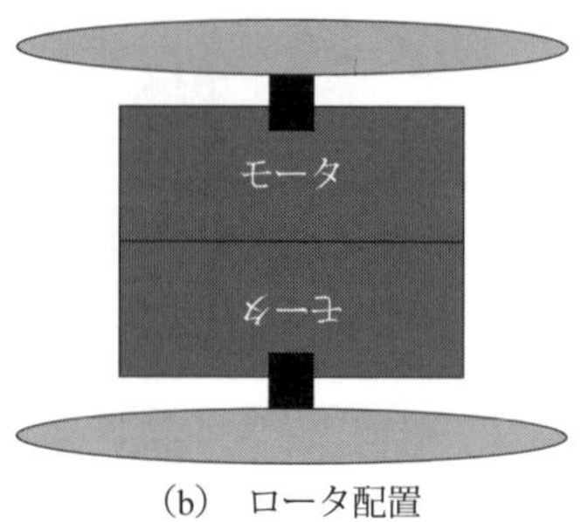

(b) ロータ配置

図 2.12　同軸 2 重反転ロータ配置

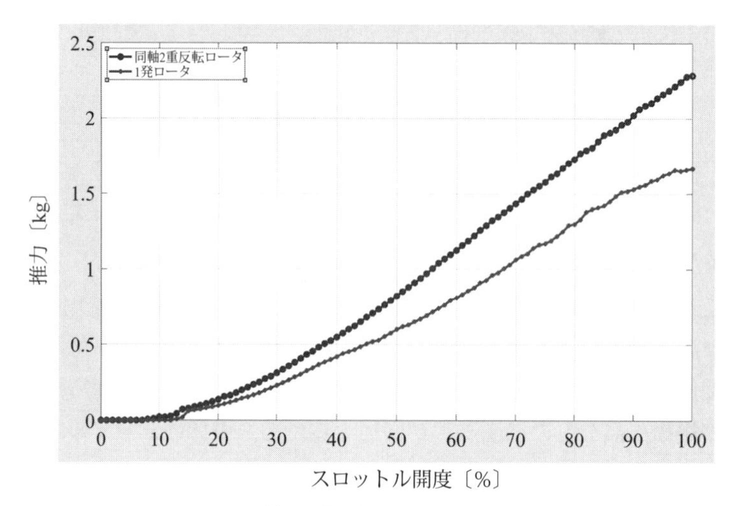

図 2.13　同軸 2 重反転ロータの推力試験結果

す．

しかしながら，上側ロータの吹きおろしが下側ロータに流入することで下側ロータが発生する推力が減少してしまうことが知られています．図 2.13 に同一のプロペラおよびモータを用い，1 発ロータと同軸 2 重反転ロータでそれぞれ行った推力試験の結果を示します．図の横軸がスロットル開度を，縦軸が推力を示しています．同図より，1 発の場合のロータ推力に対して同軸 2 重反転ロータの推力は 1.4 倍程度であることがわかります．この推力減衰の効果はロータ径に対するロータ間距離の比率で決まることが知られており，一般にロータ間距離が短いほど推力減衰の効果は少なくなります．ただ，ロータ間距離を最小化したとしてもその推力は1発のロータに比して1.6倍程度であり，2倍になることはありません．これらの理由から同軸2重反転ロータ配置の場合，推力効率が低下するというデメリットが存在するといえます．

2.2.7 同軸2重同転ロータ配置

互いに反転する同軸2重反転ロータ配置に対して，同方向に回転する1対のロータを同一回転軸上に配置したものを**同軸2重同転ロータ配置**と呼びます．この配置は，互いのロータの反トルクを打ち消しあうことはできないため，必ず回転方向が逆のロータ対との組合せで用いられることとなり，マルチロータ型ドローンならではのロータ配置であるといえます．簡単にいうと，2機のマルチロータを上下に重ねた構造です．同軸2重同転ロータ配置の場合，仮に1発のロータが停止したとしても，ロータへの推力配分を変更することなく，同一の制御則で飛行継続が可能であることから，故障時の安全性が非常に高いというメリットがあります．しかしながら，同軸2重反転ロータ配置と同様に，ロータユニット全体での推力効率が低下するというデメリットが存在しています．

2.2.8 シュラウド・ダクトファン構造

ここまでに説明したロータ配置とは少し異なりますが，マルチロータ型ドローンによく用いられるロータ周辺の構造として**シュラウド・ダクトファン構造**（図2.14）があります．これらの構造のメリットとして，ロータがシュラウドやダ

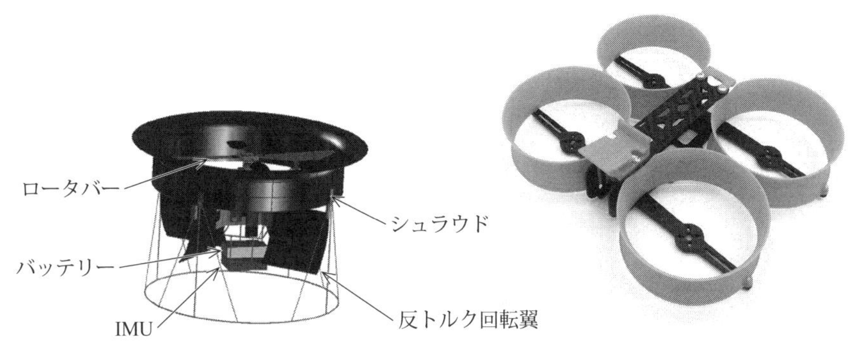

図2.14　シュラウド・ダクトファン構造

クトで覆われているため，安全性が高いという点が挙げられます．また，これらの構造によって高速回転時のロータチップ付近の渦による推力低下が低減され，推力効率が向上することが知られています．そのため，比較的小型のロータで高推力を実現することが可能です．しかし一方で，十分な推力を得るためにはロータを非常に高速で回転させる必要があり，それに伴う高周波数の騒音や消費エネルギーの多さがデメリットとして考えられます．

2.3 ドローンの構造部材の選定

本節では，ドローンの胴体を構成する構造部材の選定について説明します．ここまでに検討を行ったロータの発数やロータ配置に加え，ドローンの用途やサイズなどによって適切な部材を選定する必要があります．

2.3.1 木製部材

木製部材は，従来から模型飛行機の材料として重宝されてきました．バルサ材やベニヤといった木材に加えて，DIYなどで良く用いられる**中質繊維板**（Medium Density Fiberboard: MDF）も軽量で強度があることからドローンの構造部材として応用可能です．各木製部材の外観を図2.15に示します．

木製部材の一番のメリットはやはりその入手性および加工性の良さにあります．上記の部材はホームセンターなどで安価に入手可能で，加工も家庭にあるDIY用工具で容易に行うことができます．また，レーザ加工機を用いればある程度複雑な形状に加工することもできます．家庭にレーザ加工機がない場合でも近年では部材の購入とレーザ加工をセットにした安価なレーザ加工サービス

(a)　MDF

(b)　バルサ材

(c)　ベニヤ

図2.15　木製部材

(https://anymany.net/など)が多くあり，容易に利用可能です．また，ドローンの構造部材という観点で見たとき，木製部材は組上げ後に他の部材や接着剤を用いて容易に補強ができるといったことや，振動・衝撃吸収性能に優れているということがメリットとして考えられます．

しかし一方で，木材の種類によっては強度・剛性が不十分であるため，大型の機体の部材としては不向きであると考えられます．また，ねじ加工が難しいため，組立てには基本的に接着を要し，組立て後の機体構造の変更は容易ではありません．さらに，吸湿性を有しているため水気や湿気がある場所での利用には向かないことや，クリープ現象による経年変化が発生してしまうといったデメリットがあります．

以上のことから，木製部材を用いる場合，加工に用いる接着剤の選定や使用場所が非常に重要となります．

2.3.2 アルミ部材

軽量で比較的剛性が高いアルミ部材は，古くから航空機の構造部材として用いられてきました．図 2.16 に各種アルミ部材の外観を示します．図からわかるように，アルミ部材は板，角柱，パイプなどさまざまな形状のものを入手することができ，それらを組み合わせて多様な機体形状を構成することが可能となります．

アルミ部材は，木製部材と同様にホームセンターなどで容易かつ安価に入手することが可能であり，加工も比較的容易に行うことができます．ねじ加工も可能

図 2.16 アルミ部材

であるため，組立ておよび分解を容易に行うことができるのも特徴です．また，強い衝撃を受けた際，塑性変形はしますが破壊に至ることは少ないため，墜落をしてしまった際に比較的容易に修理することができます．これらの特徴から，ドローン製作初期段階の試作に適した部材であるといえます．

一方，他の部材と比較して比重が高いため，多用するとドローンの重量が大幅に増加してしまうというデメリットもあります．

2.3.3　樹脂（プラスチック）

トイドローンなどの比較的小型・軽量かつ安価なドローンには樹脂がよく用いられています．図2.17に樹脂製ドローンの例を示します．近年では，安価な3Dプリンタの登場によって家庭でも比較的容易に樹脂製の構造部材を作成することが可能になっているため，試作機体を製作する際に適した部材であるといえます．また，金型を作れば量産も安価に行えることから，前述したトイドローンなどの大量生産品の製作に向いているといえます．

しかし，機械的な強度はそこまでないため，大きな荷重がかかる部分には利用できない，または他の部材による適切な補強が必要になります．このような理由から大型で重量がある機体の製作に利用することは困難であると思われます．

2.3.4　繊維強化プラスチック

FRP（Fiber Reinforcement Plastic）と呼ばれる繊維強化プラスチックは，軽量で高強度であることで知られています．使用する繊維部材の種類によって炭素繊維

図2.17　樹脂製ドローンの例

（a） CFRP

（b） GFRP

図 2.18　繊維強化プラスチック

を用いる CFRP（Carbon Fiber Reinforcement Plastic），ガラス繊維を用いる GFRP（Glass Fiber Reinforcement Plastic）などに分類することができます．図 2.18 に各部材の外観を示します．特に CFRP は他の部材と比較しても軽量で，剛性が優れていることから現在の航空機の主流部材として用いられています．

軽量・高剛性というメリットから現在市販されている商用ドローンのほとんどは CFRP を基本部材として用いています．また，近年ではインターネットなどを介して一般での入手も比較的容易になっています．FRP 部材は型を作ることで任意の形に成形することができるため，モノコック構造を作りやすく，組立て時のねじ締結を少なくできるというメリットがあります．さらに，特別な設備は必要となりますが，破損した場合でも破損した部分にカーボンシートを当てて接着・熱処理することで強度を保った補修が可能です．

しかしながら，アルミや木材と比較して高価であるというデメリットもあります．さらに，もし破損した場合には，飛び出した繊維部材に触れると危険であることや，加工する際の粉塵を吸い込むと危険なため注意が必要であるといった安全面で考慮するべき点もあります．さらに，導電性部材であるため電装系の配線の引き回し，絶縁，無線通信モジュールのアンテナ配置，配線に注意が必要です．

以上のことから，加工に特殊な設備などが必要であるという点も踏まえ，繊維強化プラスチックは比較的玄人向けの部材であるといえます．

2.3.5　難燃性マグネシウム合金

繊維強化プラスチックよりもさらに軽量かつ高剛性であるとして期待されてい

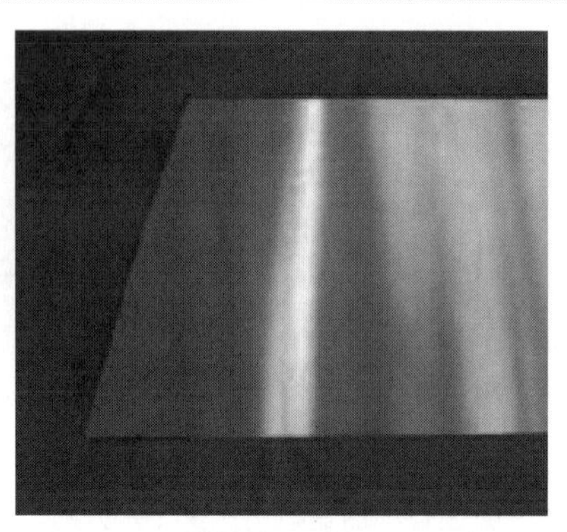

図 2.19　難燃性マグネシウム合金

る部材に**難燃性マグネシウム合金**があります．図 2.19 に難燃性マグネシウム合金の外観を示します．航空機や宇宙船，ロケットなどの部材に用いられていることから，材料としての性能は他の部材と比較しても群を抜いているといえます．しかしながら，きわめて高価であり，一般に流通もしていないため，DIY でドローンを製作する場合には不向きかもしれません．お金に糸目をつけないのであれば利用してみるのもありかと思われます．

2.3.6　可食性素材

胴体部分に複雑な機構などが必要ないというマルチロータ型ドローンの特徴を利用して，一般的な機械部材以外の部材を用いたドローンも製作されています．その一つとして可食性素材を利用したドローンを紹介します．図 2.20 は海外で

図 2.20　チョコレートコプター
（https://www.youtube.com/watch?v=q6wLDzz_K2I）

製作されたチョコレートを用いたドローンです．このドローン自体はジョークとして製作されたものですが，今後似たような食べられるドローンや，生分解性素材を用いた墜落しても自然に還るドローンなどさまざまな可能性が広がっていると考えられます．

2.4　機器の設置と防振について

ここまで，ドローンの機体構造および構造部材の検討について説明してきました．あとは組み立てた機体に対して機器を設置することによってドローンのハードウェアは完成します．ここでは，機器の設置に際して特に注意すべき点と防振対策について説明します．

設置する機器の中で特に注意が必要なのがIMU（Inertial Measurement Unit）です．IMUはジャイロセンサや加速度センサといった慣性センサを組み合わせたユニットであり，ドローンの飛行において根幹をなすセンサです．これらのセンサは機体の角速度や姿勢を計測するために用いられるため，可能な限り機体の回転中心に設置するのが望ましいです．

また，これらの機器を設置する際に最も気を付けなければならないのが防振対策です．ドローンはロータの回転などによって常に高周波数の振動をしていますので，これらの振動がIMUに悪影響を及ぼす場合があります．**図2.21**に飛行中のドローンに設置したIMUの加速度データを示します．同図（a）が防振対策を行わなかった場合，同図（b）が防振対策を行った場合です．同一機体でも明らかに加速度データが異なることがわかります．同図（a）の場合にはIMUによる姿勢推定などに悪影響がありドローンが安定してホバリングをすることが困難となってしまいます．そこで，**図2.22**に示すような各種防振機器を用いた防振対策が重要になってきます．しかしながら，適当に防振機器を設置すればよいというわけではなく，防振機器によって除去できる振動の周波数帯や機器の適正荷重が異なります．特に，近年軽量化されているIMUの場合には十分な防振効果が得られない可能性もあるため，他の機器や治具と合わせて防振するなどの工夫が必要となります．

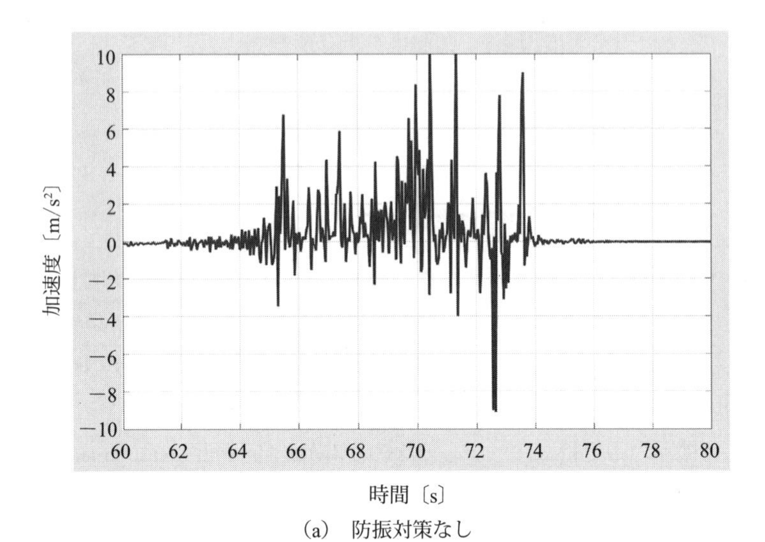

(a)　防振対策なし

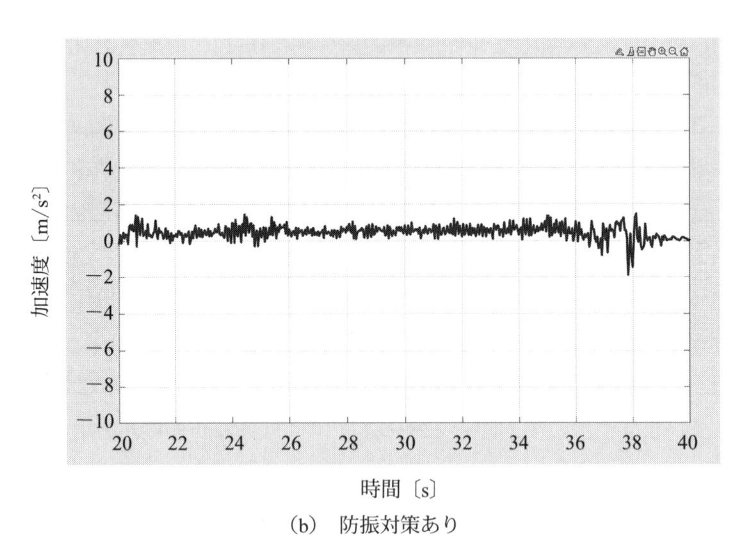

(b)　防振対策あり

図 2.21　ホバリング時の加速度データ

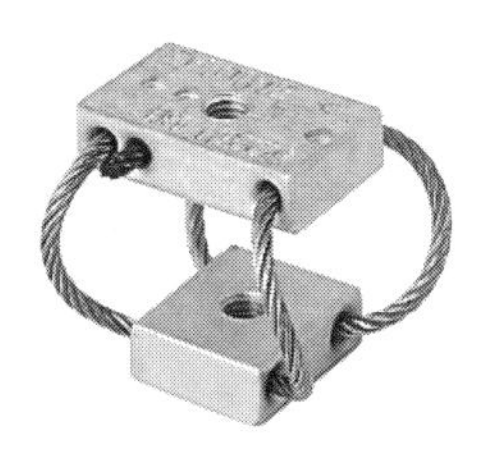

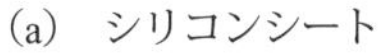

(a) シリコンシート　(b) アルファゲル防振器　(c) ワイヤ防振器

図 2.22　防振機器

【参考文献】

[1] 長谷川 直輝，鈴木 智，河村 隆，清水 拓，上野 光，村上 弘記："非平面マルチロータヘリコプタの姿勢・位置独立制御"，日本ロボット学会誌，38 巻 2 号，pp.74–80（2020）

[2] T. Magariyama and S. Abiko："Seamless 90–Degree Attitude Transition Flight of a Quad Tilt–rotor UAV under Full Position Control", *2020 IEEE/ASME International Conference on Advanced Intelligent Mechatronics* (*AIM*), 2020, pp. 839–844, doi: 10.1109/AIM43001.2020.9158965.

3章 推進システム

～電動化の先端を行くエコドローン，推進系の最適化をしよう～

ドローンを設計するには，先に推進システムを決める必要があります．本章では，電動ドローンの推進システム構成を解説し，各部分のパラメータについて説明します．そのうえで設計の例を挙げて，主要部分の選択方法を解説します．最後に，小型ドローンの組立て例を紹介します．

3.1 推進方法の考え方と選定の留意点

ナビゲーションと制御システムはドローンの脳といわれていますが，推進システムはドローンの心臓ともいわれています．ドローンはプロペラの回転で揚力と推進力が得られます．プロペラを回転させるアクチュエータは，一般的にはモータとエンジンの2種類で，現状のドローンはほとんどが電動モータ式ですが，大型ドローンではエンジンを使用する場合もあります．動力源の違いで分類すると，ドローンは**電動モータ式**，**エンジン式**（図3.1），そして**ハイブリッド式**（図3.2）などに分けられます．

図3.1　エンジン式ドローン

図3.2　ハイブリッド式ドローン

現状のマルチコプタ型ドローンはほとんど電動モータ式であり，軽量，低コスト，使用しやすいなどの特徴があります．エンジン式ドローンはガソリン，オイルなどの燃料を使用し，長滞空時間，耐風能力が強い，飛行速度が速い，効率が高いなどの特徴があります．ハイブリッド式ドローンはエンジン発電機を搭載して，発電した電気をバッテリーに充電しながらモータを回すドローンで，エンジン式より小型化でき，電動モータ式より滞空時間が長くなります．

3.1.1　総重量概算

ドローンの推進システムを設計する前に，まずドローンの総重量を概算しておく必要があります．ドローンの総重量は**離陸重量**とも呼ばれ，その内訳は**空虚重量**と**積載重量**に分かれます．総重量の構成を図 3.3 に示します．モータなどの動力，制御関係の電子装置，ブレードやアームなどドローン本体の重さを合計して空虚重量とします．一方，積載重量は次の三つからなっています．

1. バッテリー・燃料の重量
2. **ペイロード**（運ぶ荷物の重さ）
3. カメラなどの追加装備の重量

機体の設計仕様により，積載重量の各構成部分の比例関係が大きく変動します．例えば，空撮用途のドローンでは，バッテリーの重量が総重量の 30～50 %になりますが，搬送用ドローンだと，荷物の重量は総重量の 50 %まで占めます．荷物重量およびバッテリー容量の変動により飛行時間が変化します．

3.1.2　推進システムの選定

現在，世界各国で飛行しているマルチコプタは，そのほとんどがリポ（LiPo）

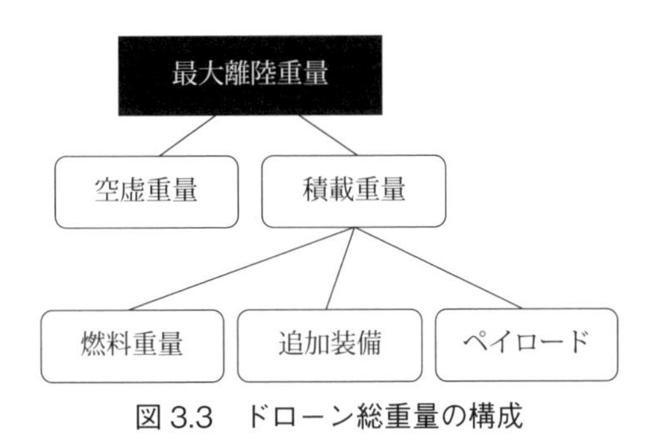

図 3.3　ドローン総重量の構成

バッテリーを動力源とした電動機となっています．リポバッテリーとブラシレスモータとの組合せで，一昔前では考えられないようなパワーを発揮し，さまざまな用途でドローンが活躍できるようになってきました．しかし，パワーが上がれば上がるほど，効率面が悪くなり，飛行時間が課題として出てくるようになってきました．従来のように，ちょっとした空撮ならばまだしも，さまざまなシーンでドローンが使われるようになると，重いものを持ち上げると同時に，なるべく長い時間飛行する必要が出てきたのです．例えば，撮影用の本格的な一眼レフカメラや専用のカメラを使った測量や，農薬散布の農薬，物資の輸送など重いものを持ち上げながら，さらに長時間の飛行が求められるシーンが続出しており，ドローンの飛行時間は，ドローンが産業シーンの中でいかに活躍できるかの一つの障壁と考えられるようになりました．そんなとき，注目されたのがエンジンです．

燃費の良いエンジンは，従来よりラジコン模型などでも用いられており，ドローンにも転用できるのはないかと考えられてきました．エンジン機の飛行時間の長さは，リポバッテリーの比ではなく，まさに課題を解決するうえで非常に有効だと考えられました．しかし，そんなエンジンにも大きな課題がありました．

一つは振動です．エンジンですので，クランクケースの中で爆発して，その爆発がピストンからメインシャフトを通じてさまざまな運動へと変化していきます．この際の爆発はドローンにとっては大きな振動となります．振動はドローンのフライトコントローラに影響を与えるだけでなく，電子機器の塊であるドローンにとって，さまざまな影響が考えられます．また，モータのように数機搭載するとなると，そのすべてを同期させなくてはなりません．エンジンの調整はモータとESCの比ではなく，慣れるまでは非常に難しいものとなります．

3.2 モータおよびプロペラ選定の考え方

3.2.1 モータ

ドローンのプロペラを回転させるためには，モータが必要不可欠です．モータにはドローンを飛ばすときにスピードや高度などをモータの回転数で調整するという役割があるため，安全に飛ばすためにはモータというものはとても重要な存在なのです．

ドローンで使用されているモータには2種類あります．**ブラシレスDCモータ**と**ブラシ付きDCモータ**です．これまで，ブラシ付きDCモータがとても多く使用されていましたが，現在はブラシレスDCモータ（**BLDC**）を使用しているドローンが主流になってきています．BLDCモータは効率が良く小型化が可能，長寿命で制御性も良いとあって大いに注目されています．

典型的なBLDCモータの一種である，インナーロータ型BLDCモータの外観と内部構造を**図3.4**に示します．ブラシ付きDCモータ（以下，DCモータ）は回転子にコイルがあり，外側に永久磁石が置かれていました．BLDCモータでは回転子に永久磁石が付き，外側はコイルとなっています．BLDCモータは，回転子にコイルがなく永久磁石ですから，回転子に電流を流す必要がありません．電流を流すためのブラシがない「ブラシレス」が実現しました．

➢ ブラシ付きDCモータの特徴

・長所

　速度制御しない場合は駆動電子回路が不要

　制御しやすい．扱いやすい

・短所

　ブラシと整流子は消耗するためメンテナンスが必要

　ブラシから電気ノイズや騒音が発生する

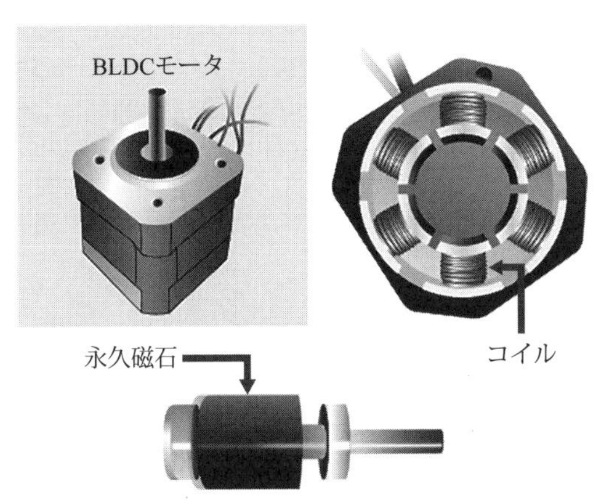

図3.4　ブラシレスDCモータの構成図

➤ ブラシレス DC モータの特徴

・長所

整流子とブラシの接触がないため長寿命

高速回転が可能

追従性，応答性が良い

・短所

駆動回路が必要

全体のコストが高くなりやすい

➤ ブラシレス DC モータの回転原理

ブラシレス DC モータは図 3.5 のような原理で回転します．

ブラシレス DC モータは，永久磁石を回転子としており，整流子とブラシが必要ありません．回転子の磁極位置を検出して電流を流すコイルを切り換えることで回転子が回転します．そのため，ブラシレス DC モータは駆動回路（ドライバ）が必要です．また，軸の回転位置の検出にはホールセンサなどの磁気センサが使われます（センサを使わないセンサレスという方式もあります）．

ホールセンサは，ホール効果と呼ばれる現象を利用して磁界の強さを判別します．それを電気信号に変えることで，永久磁石の位置（N 極か S 極か）を検知し，電流を流すコイルを切り換えることでモータ軸を回転させます．

(1) インナーロータ型

ブラシレス DC モータには，磁石をロータ（回転子）にして内側に収容し，巻線をステータ（固定子）にして外側に配置した**インナーロータ型**と呼ばれる形式があり，従来の DC モータとは構造が逆になっています．この形式は DC モータと比べ，次のような特長があります．

・回転軸の慣性モーメントが小さい

・本体が小型化できる

・放熱が良い

しかし，小型の磁石で強力な磁束密度を作るには，高性能磁石が必要です．

また，ステータ内側に多数のコイルを巻くのは，ロータのように，外側からコイルを巻くのに比べて大変です．このためインナーロータ型モータは，現状では小型でも高出力で，優れた動特性を必要とする用途に使われます．

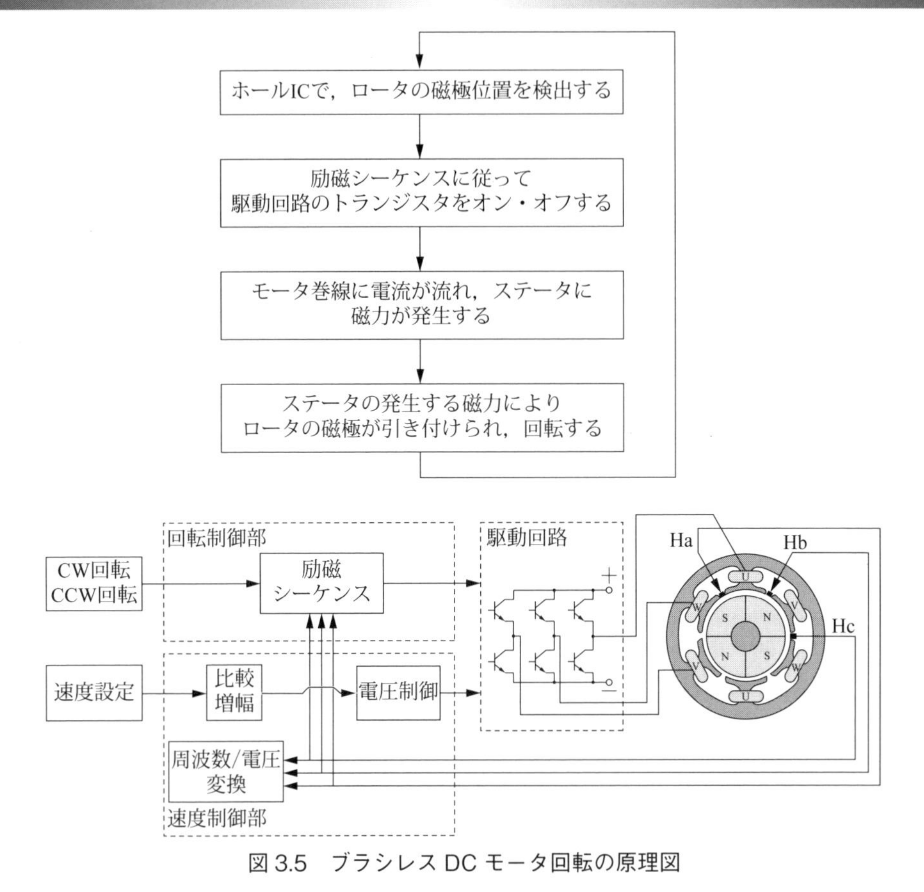

図 3.5　ブラシレス DC モータ回転の原理図

(2) アウターロータ型

インナーロータ型とは逆に，内側にコイルを，外側に磁石を配置して，外側を回転させる形式があります．これを**アウターロータ型**といいます．

アウターロータ型はインナーロータ型に比べ，回転軸の慣性モーメントは大きいのですが，磁石を小型化する必要がなく，コイルを巻くにも有利な構造です．

アウターロータ型モータは，ハードディスク駆動用モータなどに採用されています．

ロータを扁平にして，コイルをプリント基板に直接取り付け，薄型モータにした構造もあります．

この型式は，フロッピーディスクの駆動モータやブラシレスファンなどに採用されています．

(3) コイルの構造

一般的なブラシレス DC モータのコイル数は，3 の倍数が基本です．コイルの巻き方には，分布巻と集中巻とがあります．当初は，分布巻のモータもありましたが，最近では集中巻が一般的です．

ロータ磁石には N 極と S 極があり，N と S とが各一つあれば，ロータは 2 極であるといいます．NSNS なら 4 極です．コイル数とロータ磁極が大きいほど，きめ細かい制御がしやすくなります．サーボモータでは，コイル数が 9 あるいは 12，ロータは 8 極程度とする構成が一般的です．

大型アウターロータ型モータには，磁極とコイルがさらに多いモータもあります．

➢ モータの型番

一般的には，モータの型番は 4 桁の数字で表示されます．前の 2 桁はステータの外径で，後ろの 2 桁はステータの高さを表します．例えば，4108 型番のモータの場合，ステータは，外径は 41 mm，高さは 8 mm となります．

➢ モータの KV 値

モータは単位電圧での回転数を表しています．基本的には，KV 値が高いほど，モータの回転数が高くなります．

KV×電圧〔V〕＝モータの無負荷回転数〔N/min〕

同じ型番のモータは，KV 値の低い方は高トルクで効率が高く，高い方は高回転で機動性が高くなります．

3.2.2 ESC

ドローンにおいて，モータを制御するのが ESC（Electronic Speed Controller）の役割です．モータの回転数自体はフライトコントローラが決定し，ESC に応じたプロトコルで信号を送信します．ESC は，フライトコントローラからの制御信号に従って指示されたモータの回転数を把握し，指示回転数になるように制御します．

➢ESC の機能

ESC の基本機能は上で説明したとおりですが，もう少し掘り下げると以下のように整理できます．

➢FMU から回転数の指示を受ける

ここで，FMU とは Flight Management Unit の略です．モータをどのような回転数で回すのか自体は，機体の姿勢，操縦入力などをもとにフライトコントローラが決定し，ESC に指示します．ESC はフライトコントローラからの指示を受信し，何回転で回すのかを解釈します．具体的にどのような信号の形式（プロトコル）で指示を送るのかは，ESC に搭載されているファームウェアの種類によります．

➢ モータの回転を制御する

ESC はフライトコントローラの指示に従ってモータを回します．単純に指示された回転数にするだけでなく，回転の立上りが急激になりすぎないようにするなどの機能があります．ブラシレス DC モータはブラシや整流子に依存しなくなり，代わりに整流用の半導体デバイスを使用します．同期モータの一種で，特性は DC モータと同様です．速度はモータ電圧に比例し，トルクはモータ電流に比例します．**図 3.6** のように，回転部としてのロータが外側にある，アウターロータ型モータと呼ばれるものを例に説明します．回転子の内周には磁石が配置されており，U，V，W 相コイルの位置は 120° ずれています．三相コイルは中心（中性点）で互いに接続されています．U，V，W 相コイルの外側にホールセンサが配置され，出力信号はプルアップされて制御プロセッサに入力されます．アウ

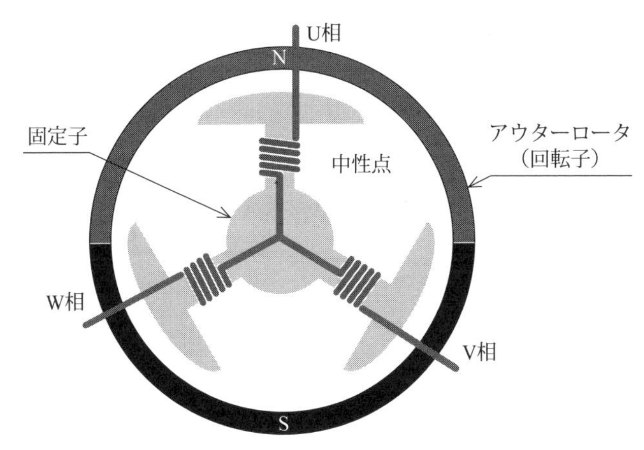

図 3.6　三相ブラシレス DC モータの例

ターロータ（回転子，磁石）のN極がホールセンサに近いときはH，S極がホールセンサに近いときはLとなります．

ブラスレスDCモータの制御手法は主に矩形波制御，正弦波制御，FOC制御の三つあります．その中でFOC制御は効率が高く，現在は主流になる傾向です．

(1) 矩形波制御

矩形波制御は，ホールセンサまたは無誘導推定アルゴリズムを使用してモータの回転子の位置を取得し，360°の電気サイクルで回転子の位置に応じて6回の転流（60°の転流ごと）を実行します．各転流位置モータは特定の方向に力を出力するので，矩形波制御の位置精度は電気的に60°であるといえます．この制御では，モータの相電流波形は方形波に近いため，矩形波制御と呼ばれます．

(2) 正弦波制御

正弦波制御方式はSVPWM波を使用し，出力は三相正弦波電圧であり，対応する電流も正弦波電流です．矩形波制御と比較してトルク変動が少なく，高調波が少なく，制御時の「細かい」感じが明らかですが，制御器の性能要件は矩形波制御よりわずかに高く，モータ効率が発揮できません．

(3) FOC制御

正弦波制御は，電圧ベクトルの制御を実現し，間接的に電流の大きさの制御を実現しますが，電流の方向を制御することはできません．**FOC**（Field Oriented Control）**制御**は，電流ベクトルの制御，すなわちモータの固定子磁界のベクトル制御を実現する正弦波制御の改良版と見なすことができます．

➢FCなどの機器類に供給する（BEC）

ESCの多くは，**BEC**（Battery Elimination Circuit）と呼ばれるバッテリーの電圧を変圧してFC（フライトコントローラ）で使用される電圧に変換する機能を備えています．バッテリーから出力される電圧は2セルバッテリーで約7.4 V，3セルでは11.1 Vと，FCにとっては高い値です．BECを備えたESCはこれらの機器に対して，5 Vを供給することができます．

3.2.3 プロペラ

ドローンは，プロペラを高速に回転させることで，翼に空気が当たり揚力が生じて飛行します．ドローンでは一般的に，固定ピッチプロペラが使われています．回転翼型のドローンは，プロペラの枚数によって性能や安定感が変わります．

トライロータ：3 枚ペラ
クアッドロータ：4 枚ペラ
ヘキサロータ：6 枚ペラ
オクタロータ：8 枚ペラ

回転翼機は，その場で上昇し，ホバリングによって空中に留まることができます．また，プロペラに対応したモータの回転数によって，上下前後左右への自由な移動が可能になります．例えば前二つのプロペラの回転数を落とすと，ドローンが前のめりになり，前進します．また，ドローンの隣り合ったプロペラの回転方向が逆になっており，反転トルクを打ち消しあうようになっています．この反転トルクのバランスをわざと崩すことにより，機体の方向転換を行うことができるのです．

プロペラの数が多いほど安定性が高くなりますが，全体の効率が悪くなります．したがって，一般的には 4 枚ペラのクアッドロータと 6 枚ペラのヘキサロータの設計となります．

➢ プロペラのサイズ

ドローンのプロペラのサイズは，テレビなどと同じように，inch（インチ）で表します．1 inch は 2.54 cm です．プロペラにはさまざまなサイズがあり，大抵 2 種類の表記がされています．

2270 や 3080，または 22×7 や 30×8 といった表記で，それぞれ同じサイズです．前半がサイズのインチ数，後半がピッチのインチ数になります．先ほどの数字だと，2270 は，サイズが 22 inch で，ピッチが 7 inch です．機体に合ったサイズのプロペラでないと，プロペラどうしが当たってしまったり，逆に推力が出ずに飛行できなかったりします．

➢ プロペラの素材

代表的なプロペラの素材として，プラスチックとカーボンが挙げられます．

プラスチック製のものは，安価ですが，傷が付きやすかったり，劣化しやすいといったデメリットがあります．

カーボン製のプロペラは，丈夫で欠けにくいです．その代わり，かなり高価です．産業用ドローンなどではカーボン製が好まれます．

プロペラ交換の目安は，プラスチック製であれば 10～20 フライトだといわれており，定期的に交換することをおすすめします．

プロペラを長もちさせる方法の一つに，プロペラガードの装着があります．外からの衝撃を防いだり，プロペラが人や物を傷つけるリスクを軽減することができます．ただし，風の抵抗を余分に受けたり，重量が上がったりとデメリットもあります．空撮時にプロペラガードが映り込むこともあるため，一概に必須であるとはいえません．

➤ プロペラガード

衝突事故の損害を最小限に抑えるため，プロペラガードの使用も推奨されてます．寸法は中型以上のドローンであれば，衝突力が大きいので，カーボンあるいは合金などでプロペラカードを製作します．小型ドローンは軽量な樹脂を使用するのが一般的です．図 3.7 に 2 種類のプロペラガードを示します．同図（a）は点検用の中型ドローンで，カーボンの板，パイプおよびアルミでプロペラガードを作成されています．同図（b）は小型の空撮ドローンで，樹脂のプロペラガードが装着されています．

3.3 バッテリー選定の考え方

ドローンに使われるバッテリーにはさまざまな種類があります．

その中でも，リポバッテリー（リチウムポリマー二次電池，LiPo バッテリー）とリチウムイオン二次バッテリーが多く用いられています．

リチウムイオンバッテリーは，電解質に液体を使っています．しかし，形状が自由にならないなどの難点があったため，導電性のあるゲル状のポリマーを利用する方法が考えられました．同容積で比べた場合，リポバッテリーの方が小型になり，放電能力が高い，エネルギー密度が高いなどの利点があります．

二次電池は大きく分けて正極（Positive Electrode），電解液（Electrolyte Solution），負極（Negative Electrode）から構成されます．正極，負極の酸化還元反応を利用して電気エネルギーを取り出したり（放電），逆に電気エネルギーを貯蔵する（充電）ことができます．リチウムイオン二次電池においては電気エネルギーの担い手，すなわちキャリア（carrier）にリチウムイオン（Li^+）が使われており，正極，電解液，負極が Li^+ 伝導性を有することが必要です．リチウムイ

(a)　カーボン材質ガード

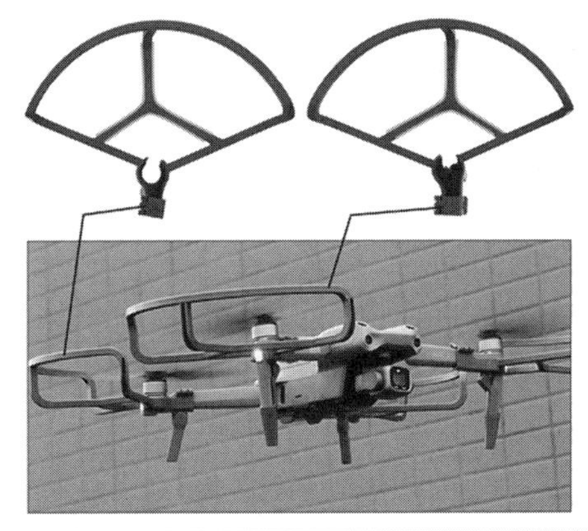

(b)　樹脂材質ガード

図 3.7　プロペラガード

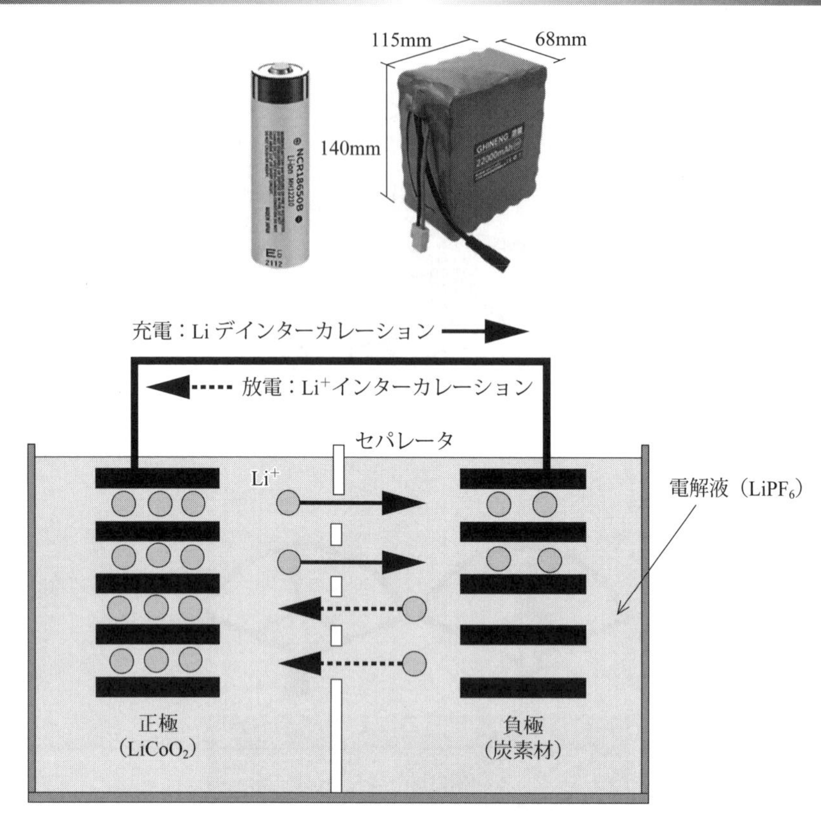

図 3.8　リチウムイオンバッテリーの外観図および内部構造

オンバッテリーの外観図および内部構造を図 3.8 に示します．

コバルト酸リチウム（Lithium Cobalt Oxide，$LiCoO_2$，LCO）は，リチウムイオン二次電池の正極に使用され，現在でもその主流を占めています．電気化学的に Li^+ を出し入れすることが可能なインターカレーション物質（Intercalation Compounds）であることから，正極活物質として幅広く用いられています．三元系リチウム電池は，三元系電池と呼ばれ，一般的に，ニッケル–コバルト–マンガネート（Li（NiCoMn）O_2，NCM），またはニッケル–コバルトリチウムアルミン酸塩（Li（NiCoAl）O_2，NCA）といった三元陰極材料を使用するリチウム電池を指します．塩，コバルト塩およびマンガン塩は，三つの異なる成分の比率によって異なって調整されるので「3 成分」と呼ばれ，多くの異なる種類の電池を含み

表 3.1　バッテリー性能比較表

指　標	コバルト酸リチウム（LCO）	三元系電池	
		$Li(NiCoMn)O_2$（NCM）	$Li(NiCoAl)O_2$（NCA）
容量密度〔mAh/g〕	140～170	150～220	210～220
電圧〔V〕	3.7	3.6	3.7
充電回数〔次〕	≥500	≥1 000	≥500
質量密度〔g/cm^3〕	4.0～4.2	3.6～3.8	3.6～3.8
安全性	低	中	低
コスト	高	中	中

ます．ドローンによく使われるバッテリーの性能比較を表 3.1 に示します．

ここからは，各バッテリーの用語を紹介します．

リポバッテリーを選ぶ際は，いくつかの単位を知っておく必要があります．

・S（セル）

セルは「1 S」などと表記されます．よく 3 S などと書いてありますが，これはリポバッテリーを直列に三つ接続したということを表しています．ちなみに S は Series の略で直列接続のことです．

最小単位は 1 S 以上で，およそ 3.7 V（電圧）です．満充電で 4.2 V になります．2 S 以上のリポバッテリーは直列構造となっています．

リポバッテリーの場合は内部で複数のバッテリーを接続することで，電圧や容量を調整しています．

直列接続では全体の電圧が増えていき，並列接続では全体の容量が増えていきます．

バッテリーを図 3.9 のように直列に接続していくと

7.4 V ← 2 S

11.1 V ← 3 S

14.8 V ← 4 S

といったように単純に足し算で増えていきます．それによってバッテリー全体の電圧が変わっていきます．

並列に接続した場合は電圧は変わりませんが，その代わり容量が変わっていき

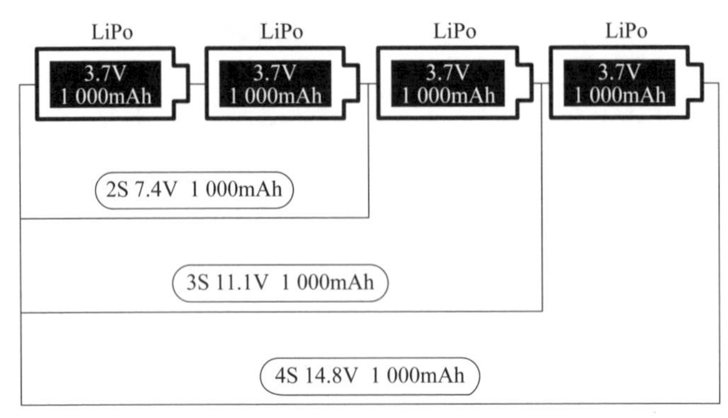

図 3.9　バッテリー直列接続図

ます．例えば容量が 1 000 mAh のリポバッテリーを並列に接続した場合

2 000 mAh ← 2 P

3 000 mAh ← 3 P

4 000 mAh ← 4 P

容量が足し算で増えていき，それによってバッテリー全体の容量が変わっていきます．並列の構成図を図 3.10 に示します．

・C（放電能力，Capacity）

放電能力は，「C」で表されます．全容量を 1 時間で充放電できる電流値の単位です．

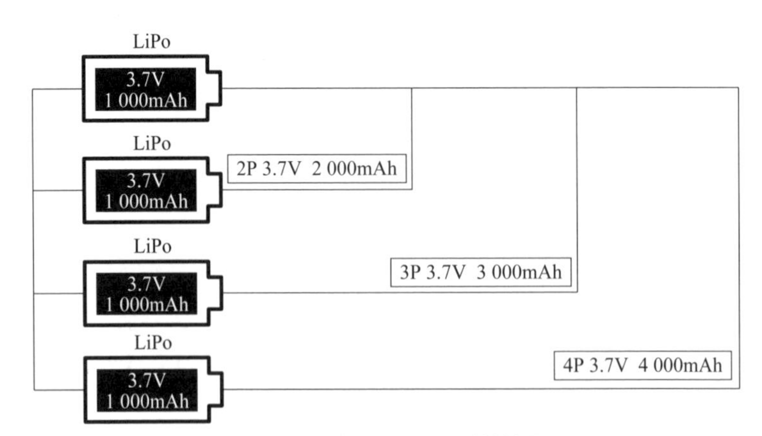

図 3.10　バッテリー並列接続図

・mAh（容量）

容量が大きいと，電流そのものの量が大きくなります．

・V（電圧）

電圧は，電流を流そうとする働きの度合いを表します．電圧が大きいと，電流を多く発生させることができます．

○リポバッテリー取扱い時の注意点

・持ち運び時の注意

リポバッテリーに含まれる化学物質は，外部からの衝撃を受けたり，端子がショートすると発火する恐れがあります．

実際に，爆発事故が起こった例もあるので，持ち運び時には必ずアルミニウム製のケースやリポバッテリー用の袋に入れましょう．

・充電時の注意

リポバッテリーの電圧基準は 3.7 Vで，満充電すると 4.2 V になるので，それに合わせて充電します．また，充電器によっては充電モードを選択するものがあります．必ず「リポバッテリー（Lipo）」を選ぶようにしましょう．2 S 以上のバッテリーを充電するときは，各セルの電圧を等しく充電するために，バランス充電を行います．電圧差は，0.03 V までに抑えることが望ましいです．

・保管時の注意

リポバッテリーを保管する際は，3.8 V まで放電した後，残量を 60 %程度残した状態で保管するのが望ましいです．フル充電のままだと，セル内での化学反応が起こりにくくなってしまうことがあります．ただし，あまり放電しすぎると，過放電を起こす可能性があります．どちらの場合でも，**リポバッテリーが使えなくなってしまう可能性**があるので注意しましょう．また，温度管理も大切です．気温が高いと，化学反応が起こり，セル内でガス発生し，発火の危険性が高まります．

・廃棄時の注意

リポバッテリーを長期間使用することはおすすめできません．中でガスが溜まり，爆発する危険性があるからです．セルの一部が膨らんできたと感じたら，該当セルの電圧を確認し，問題があった場合は廃棄しましょう．廃棄する際は，塩水に 2〜3 日つけて放置し，気泡が完全に出なくなったこと確認してから取り出します．その後，コネクタ・端子の部分にテープなどを巻き，絶縁してから処分します．処分する際は，各自治体のゴミ・資源の出し方に従いましょう．

3.4 試作の事例

3.4.1 小型空撮ドローン

推進システムを選定する前に，ドローンの総重量と飛行時間を決める必要があります．そして一つのモータに必要な揚力の計算ができるので，仕様に合うモータを選定してから，飛行時間を推定しながらバッテリーの容量を決めます．

ここから，本書で組み立てる市販品のキットについて説明していきます．キットはクアッドロータ型の機体フレームのみ（口絵①）を購入し，モータ，プロペラ，ESC，バッテリーは以下の手順で選定していきます．

➢ 仕様を決める

総重量：1.5～2.5 kg

飛行時間：15～20 min

ロータ数：クアッドロータ

➢ 推進系を選定

一つのロータの揚力を 500 g と想定，モータを選定します．効率および制御性能を保つため，離陸に必要な揚力はモータの最大揚力の 50 %を超えないよう注意しましょう．今回の設計は下記のモータを選定します．

モータ（JFRC）：U2810　900 kV　75 g

モータのパラメータを図 3.11 に示します．14.8 V（4 S）のバッテリーと 9×47 のプロペラを使用します．最大電流は 16 A になるため，20 A の ESC を選定します．

➢ バッテリーを選定

ここでいったん機体の空虚重量を決めます．今回の例は 1.26 kg になります．バッテリーでよく使われる 5 200 mAh と 10 000 mAh 二つの容量で，飛行時間を計算しましょう．バッテリーは 4 S 使用で，電圧を 15 V とします．

空虚重量：1.26 kg

バッテリー（4 S）：5 200 mAh（0.5 kg）

型番	電圧〔V〕	プロペラ	スロットル開度	電流〔A〕	推力〔G〕	ワット数〔W〕	効率〔G/W〕	負荷温度〔℃〕
U2810 KV900	11.1	APC 10×38		3	320	33.3	9.61	
				5	450	55.5	8.11	
				7	590	77.7	7.59	
				9	700	99.9	7.01	
				11	810	122.1	6.63	
				13	910	144.3	6.31	
				15	980	166.5	5.89	
			100 %	17.8	1 100	197.58	5.57	58 ℃
		APC 11×47		3	350	33.3	10.51	
				5	470	55.5	8.47	
				7	630	77.7	8.11	
				9	720	99.9	7.21	
				11	810	122.1	6.63	
				13	905	144.3	6.27	
				15	980	166.5	5.89	
				17	1 080	188.7	5.72	
				19	1 150	210.9	5.45	
			100 %	21.1	1 240	234.21	5.29	78 ℃
	14.8	APC 9×47		3	385	444	8.67	
				5	560	74	7.57	
				7	700	103.6	6.76	
				9	830	133.2	6.23	
				11	980	162.8	6.02	
				13	1 120	192.4	5.82	
			100 %	16	1 305	236.8	5.51	62 ℃
		APC 10×55		4	450	59.2	7.60	
				6	620	88.8	6.98	
				8	765	118.4	6.46	
				10	885	148	5.98	
				12	990	177.6	5.57	
				14	1 090	207.2	5.26	
				16	1 165	236.8	4.92	
				18	1 235	266.4	4.64	
				20	1 330	296	4.49	
			100 %	23.9	1 520	353.72	4.30	69 ℃

図 3.11　JFRC モータパラメータ

総重量：1.26＋0.5＝1.76 kg

電流：4 A×4＝16 A

ワット数：240 W

飛行時間：$\dfrac{5.2}{16}\times 60\times 0.8=15.6$ min

バッテリー（4 S）：10 000 mAh（1.05 kg）

総重量：1.26＋1.05＝2.31 kg

電流：6 A×4＝24 A

ワット数：360 W

飛行時間：$\dfrac{10}{24}\times 60\times 0.8=20$ min

計算の結果により両方とも設計仕様を満足しますので，実際のニーズによってバッテリーの容量を決めます．

➢ 組立て手順

モータ，ESC，プロペラから構成された推進システム以外に，フレーム部分も組み立てるので，全体の部品を図 3.12 に示します．図 3.12 の機体フレームとモータ，プロペラ，ESC などの推進システムで合計約 2 万円です．ただし，バッテリーは含みません．

① ESC のはんだ作業

ESC に電源を供給するため，まず ESC と電源ボードの（電源分電盤）はんだ作業を行います．ESC の入力側に電源線と入力信号線が接続されています．信号線は普段は 3PIN のサーボコネクタになり，直接 FC につなぐことができるので，はんだ作業をする必要がありません．

1‒a）検査

作業を行う前に，まず各部品の状態をチェックします．破損状態の部品を使用すると，事故につながることになるので，慎重に確認しましょう．

1）ESC にキズ・カケなどがないことを確認

2）電源ボードに破損がないかを確認

1‒b）はんだ付け（口絵⑤）

1）ESC の電源線を電源ボードにはんだ付け，赤はプラス，黒はグランド

2）四つの ESC を順番にはんだ作業

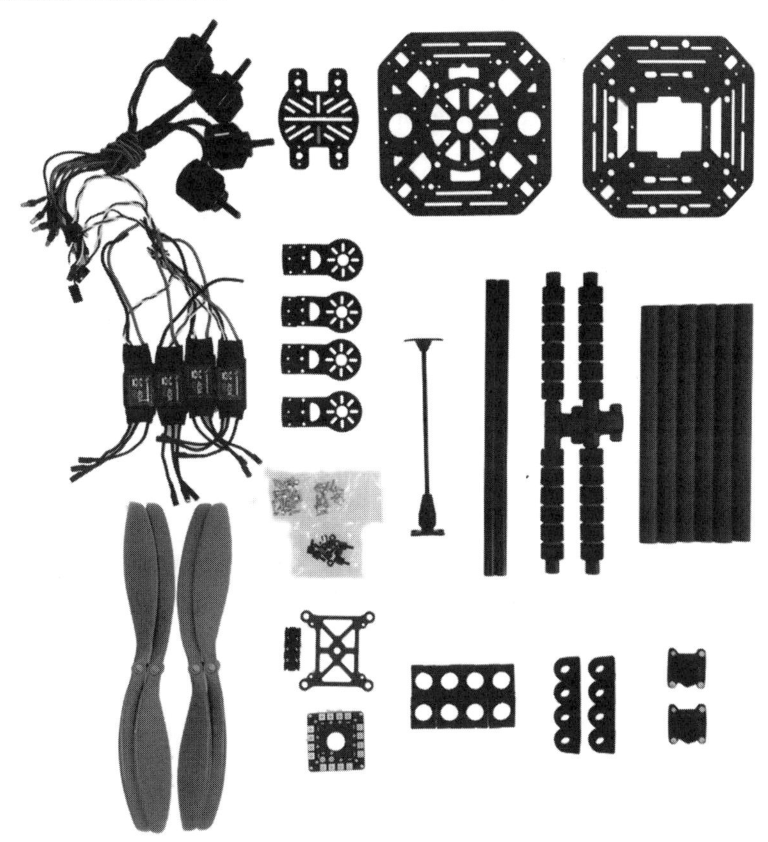

図 3.12　推進システムとフレーム部品

3）バッテリーコネクタを電源ボードへはんだ付け

1-c）コーディング

704 シリコン接着剤ではんだ箇所を塗る，5 時間放置

ESC と電源ボードとのはんだ作業が終わった様子を図 3.13 に示します．

②アームの組立て

アームの部分はモータとカーボンパイプで構成され（口絵④），まずはモータをマウント（固定具）に固定してから，カーボンパイプを取り付けます．手順を図 3.14 に示します．完成したアームを図 3.15 に示します．

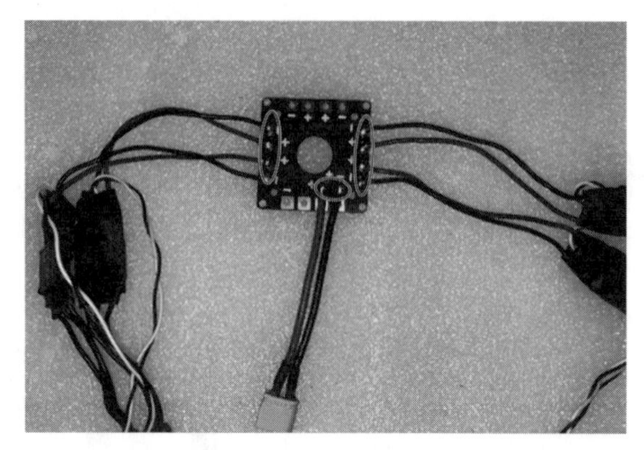

図 3.13　ESC と電源ボード

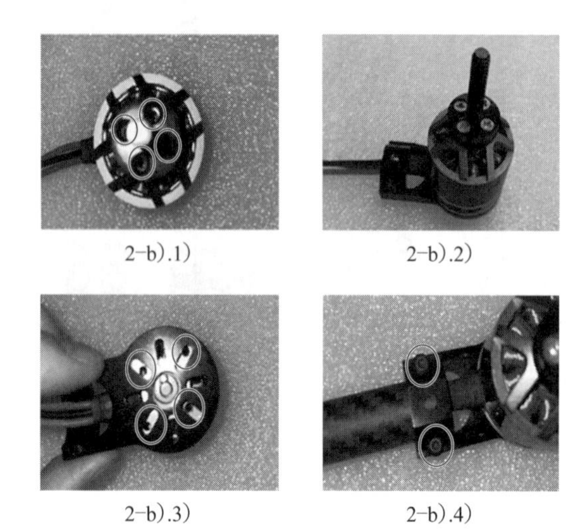

2–b).1)　2–b).2)

2–b).3)　2–b).4)

図 3.14　アームの組立て手順図

2–a）検査

1）カーボンパイプにひびがないかどうかを確認

2）モータを手で回して，抵抗力が正常か，異音がないことを確認

2–b）組立て

1）プロペラマウントの穴位置とモータの穴位置を合わせ，M3×8 のプラスねじで，ねじロックをつけてから，固定

2）モータの電源線をモータマウントのパイプ方向に向けて外に出す

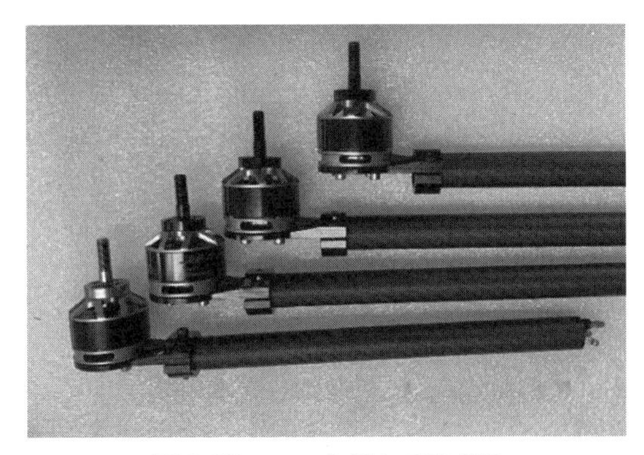

図 3.15　アーム組立て完成図

3）モータマウントの溝とモータ底部の穴位置を合わせ，M3×10 ねじで固定，ねじロックを使用すること

4）モータの電線をカーボンパイプから通し，M3×10 ねじで固定，ねじロックを使用

2-c）組立て

2-b）の手順で 4 本のアーム全部組立て

③ボディの組立て

続いてはボディのフレーム部分を組み立てます．

3-a）検査

各部品にひび，破損がないかを確認

3-b）組立て

1）カーボンパイプをスキット固定に差し込み，穴を合わせ，M3×20 のねじとナットで固定

2）カーボンパイプをスキットに差し込み，ねじを締めて固定

3）カーボン板の穴とスキット固定の穴を合わせ，M3×8 の六角ねじで固定

4）1)～3）のステップでもう 1 本の足をカーボン板に組み立てる

ボディ組立ての手順 3-b）1)～4）の様子を図 3.16 に示します．

5）ジンバル固定の穴をカーボン板の穴位置に合わせ，M2×8 の六角ねじで固定，ねじロックを使用

6）M2×6 六角ねじで立込ボルトを 4 か所で固定

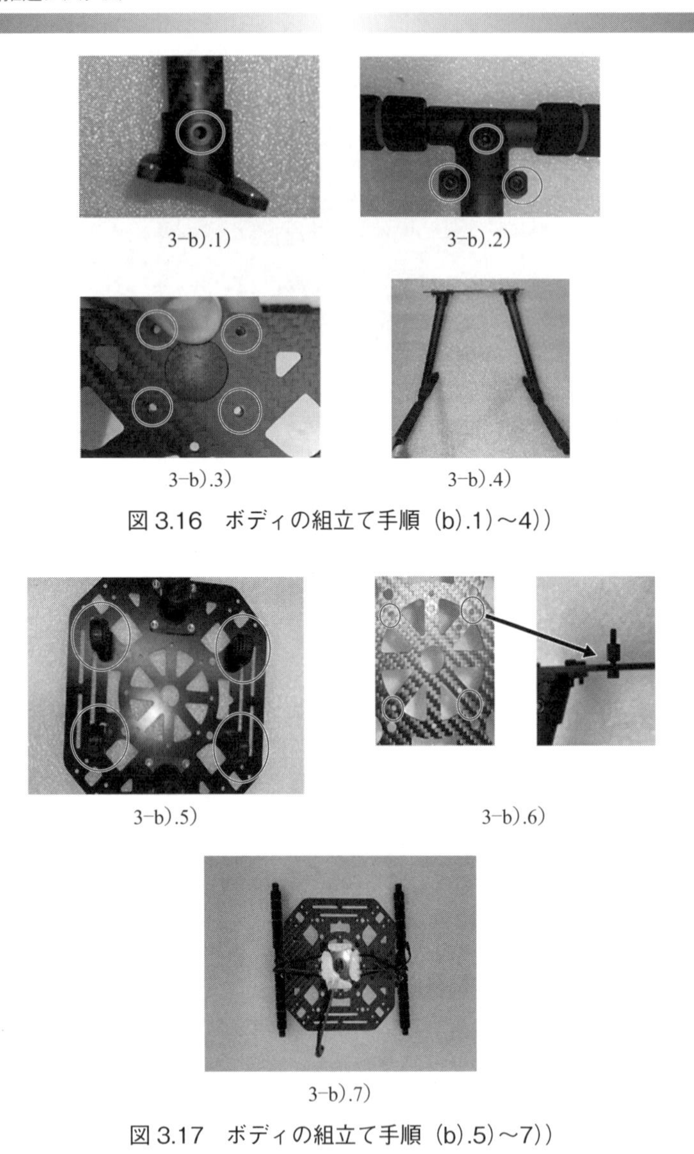
3−b).1)　3−b).2)

3−b).3)　3−b).4)

図 3.16　ボディの組立て手順（b).1)～4)）

3−b).5)　3−b).6)

3−b).7)

図 3.17　ボディの組立て手順（b).5)～7)）

7）ステップ①で制作した電源ボードの穴をボルトに合わせ，M2 のナットで固定，はんだ面を上，バッテリーコネクタを後ろ方向とする

ボディ組立ての手順 b）5)～7）の様子を図 3.17 に示します．

3-c）モータ接続

1）モータと ESC を接続

2）結束バンドで ESC をカーボン板の上に固定，配線を整理する

3）ESC 信号線を FC につなぎ，キャリブレーションを行い，回転方向を確認，逆の場合 3 本線の中 2 本を交換

組立て手順 c）の各ステップを図 3.18 に示します．

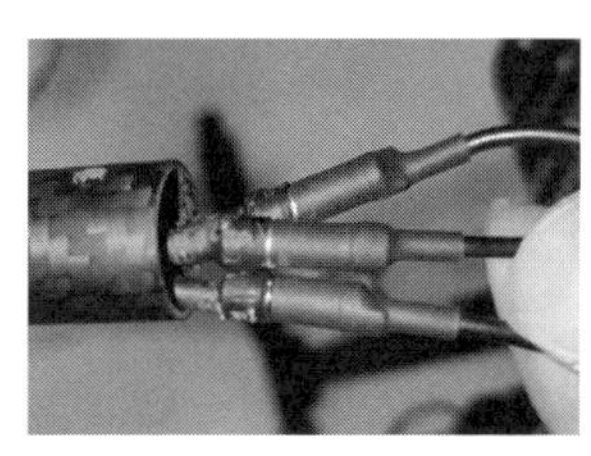

3-c).1)

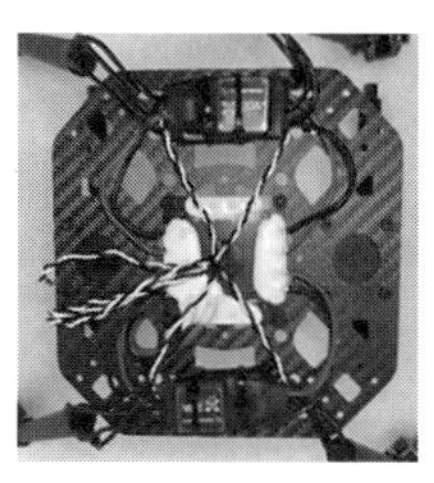

3-c).2)

図 3.18　ボディの組立て手順（c））

3-d）アームとジンバル固定組立て

カメラの振動を防止するため，ジンバルとボディの間に防振板を取り付けます．

1）防振シリコンの片方を防振板の穴に差し込む

2）防振シリコンをカーボン板の対応穴に差し込む

3）アームをアーム固定に差し込み，M3×32 のねじとナットをカーボン板（上，下）と仮固定

4）4 本のアームを全部仮固定してから，モータマウントとアーム固定の距離を 16 cm で調整，水平を取りねじをしっかり締める．

組立て手順 d）1)〜4）を図 3.19 に示します．

5）M3×6 の六角ねじで GPS 支えを上のカーボン板に固定，位置は図 3.20 参照

6）ジンバル固定板の穴とジンバル固定の穴位置を合わせ，M3×8 の六角ねじで固定，ねじロックを使用

7）ジンバル用パイプを下カーボン板に固定されたジンバル固定の中に差し込み，ジンバル固定板をパイプに通し固定

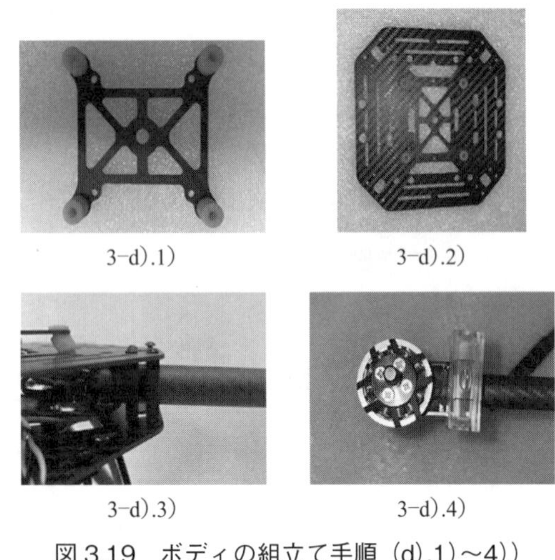

3-d).1)　3-d).2)

3-d).3)　3-d).4)

図3.19　ボディの組立て手順（d).1)～4))

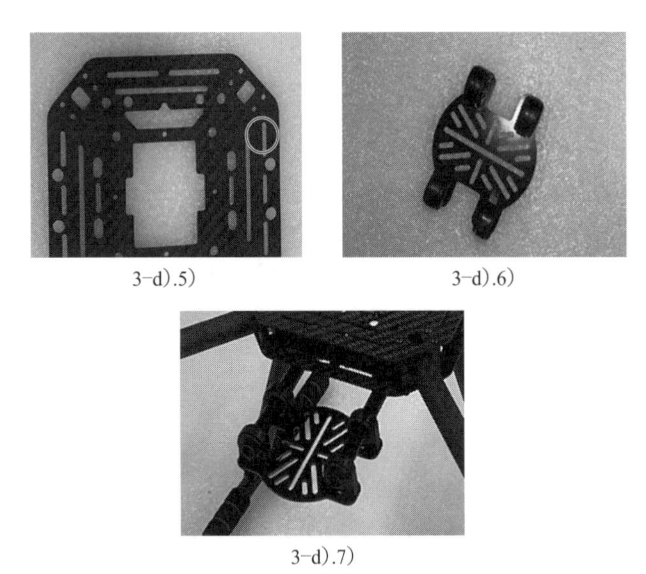

3-d).5)　3-d).6)

3-d).7)

図3.20　ボディの組立て手順（d).5)～7))

3-e）プロペラの固定

プロペラの印字がある面を上，プロペラマウントに差し込み，プロペラ固定ナットで固定（ねじ山の方向に注意，時計回りのプロペラは時計回りのプロペラ

3–e)

図 3.21　ボディの組立て手順（e)）

マウントとセット)，組立て手順 e）を図 3.21 に示します．

以上で機体・推進系は完成です（口絵⑦，FC 搭載済み）．いよいよオープンソースを用いた頭脳部のフライトコントローラ（FC)，無線機，地上局などの実装となります．

3.4.2　電力設備点検ドローン

点検用ドローンは一般的に飛行時間が 30 分を超えることが望ましいです．ここでは 40 分以上を目標にして設計します．まずは点検に使われるペイロードを選定してから，機体の寸法を推定し，推進システムを選定します．効率を重視するため，ロータ数を 4（クアッドロータ）にします．

(1) カメラを選定

電力会社の実際ニーズに合わせて，画素数 1 200 万，光学 18 倍のジンバル一体型カメラを使用します．カメラ全体の重量は約 600 g になります．

(2) 機体の寸法を推定

現場で使用しやすいため，機体の対角モータ軸間距離を 760 mm 以内にします．隣モータの距離は式(3･1)の計算から，532 mm になります．

$$760\ \mathrm{mm} \times 0.7 = 532\ \mathrm{mm} \quad (3\cdot 1)$$

(3) モータとプロペラを選定

プロペラ先端の距離を 50 mm 以上に開ける必要があるので，直径 480 mm 以下のプロペラを選定します．ここでは，18 inch，直径 18×2.54＝457 mm のプロペラを選定します．そして 18 inch のプロペラに合う効率の高いモータを探します．効率重視の中小型ドローンなので，モータの KV 値を 300〜400 の間にします．今回

型番	電圧〔V〕	プロペラ	スロットル開度〔%〕	電流〔A〕	推力〔G〕	ワット数〔W〕	効率〔G/W〕	負荷温度
G4710–KV365	22.2	1760	30 %	2.18	649	48.4	13.410	
			40 %	4.85	1 150	107.7	10.681	
			50 %	8.8	1 694	195.4	8.671	
			60 %	13.65	2 271	303.0	7.494	
			70 %	20.47	2 943	454.4	6.476	
			80 %	28.9	3 576	641.6	5.574	
			90 %	36.65	4 079	813.6	5.013	
			100 %	43.5	4 407	965.7	4.564	75 ℃
	22.2	1860	30 %	2.57	739	57.1	12.953	
			40 %	5.8	1 313	128.8	10.197	
			50 %	10.6	1 925	235.3	8.180	
			60 %	16	2 531	355.2	7.126	
			70 %	23.58	3 160	523.5	6.037	
			80 %	33.2	3 822	737.0	5.186	
			90 %	41.8	4 253	928.0	4.583	
			100 %	47.69	4 529	1058.7	4.278	78 ℃

図 3.22　点検用ドローンモータのパラメータ

の設計では G4710–365 のモータを選びます．モータのパラメータを図 3.22 に示します．

図 3.22 から考察すると，推力が 1 300～1 900 の間は効率の良いところになるので，機体の離陸重量は 6 kg 前後になると最適です．

(4) バッテリーの選定

モーター一つの電流を 8 A と想定すると，全体の電流は 32 A となります．飛行時間を 40 分にすると，21.3 Ah のバッテリー容量が必要になります．ここでは，まず 6 S 22 000 mAh の LiCO バッテリーを選びます．重さは 1.95 kg になります．

(5) 設計結果の検証

この仕様どおりに設計したドローンを図 3.23 に示します．全体の離陸重量はほぼ 6 kg になり，ホバリング時の電流は実測で 28 A となります．飛行時間が 42

図 3.23　電力設備点検用ドローンの試作例

分で，設計仕様を満たします．

3.4.3　農薬散布ドローン

農業用途の例として，農薬散布用ドローンの設計例を紹介します．こちらの設計も 4 ロータにします．

仕様：

ペイロード：6 L（薬剤容量）

農薬＋散布装置：7 kg

飛行時間：6 分以上

（1）総重量を概算

薬剤搬送用ドローンの場合，ペイロードはほぼ全重量の半分まで占めると考えます．総重量を 14 kg とします．

（2）モータとプロペラを選定

一つのモータから 3.5 kg の推力を出す必要があるので，6 シリーズのモータとカーボン素材の 2170 プロペラの組合せを選びます．モータのパラメータを図 3.24 に示します．

（3）設計結果の検証

揚力が 3.5 kg になるところで，電流がほぼ 23 A になることがわかります．四つのロータで 92 A くらいの電流が流れています．6 分以上飛行するために，容量が

型番	電圧〔V〕	プロペラ	スロットル開度	電流〔A〕	推力〔G〕	ワット数〔W〕	効率〔G/W〕
6215-KVl70	48	2170	50 %	5.9	2 470	261.96	9.43
			60 %	11.5	4 000	510.60	7.83
			70 %	17.4	5 280	772.56	6.83
			80 %	25.8	6 800	1 145.52	5.94
			90 %				
			100 %				
6215-KV340	22.2	2170	50 %	11.8	2 900	523.92	5.54
			60 %	23	3 750	1 021.20	3.67
			70 %	34.8	5 150	1 545.12	3.33
			80 %	51.6	6 050	2 291.04	2.64
			90 %				
			100 %				

図 3.24　農薬散布ドローンのモータパラメータ

図 3.25　農薬散布用ドローンの例

ほぼ 10 000 mAh のバッテリーが必要になります．ここでは，容量 16 000，重量 1.8 kg，C 値 20，6 S のリポバッテリーを選びます．機体の全体重量は 13.4 kg になります．全重量でホバリングしたところ，実測 86 A の電流で，10 分くらいの飛行が検証できました．設計した機体の写真を図 3.25 に示します．

4章 設計手順とオープンソース,および姿勢推定アルゴリズムとPID制御

～Pixhawk 4 Miniの概要，使用されている姿勢推定とPID制御の概念を学ぶ～

本章では，2章と3章で述べられた機体システムと推進システムの内容を踏まえて，マルチコプタを製作するという立場から，どのようにマルチコプタを設計するかの手順をまとめています．次に，ドローンに関するオープンソースの現状を俯瞰的に解説します．そのうえで，本書で用いているオープンソースのPixhawk 4 MiniとArduPilotについて説明して，Pixhawk 4 MiniとArduPilotのソースコードのベースとなっている姿勢推定や拡張カルマンフィルタ，PID制御について解説しています．

4.1 マルチコプタの一般的な設計手順

ドローンを製作する場合，空撮をしたい，農薬散布をしたい，荷物を運びたい，屋根の点検をしたい，測量をしたい，災害現場を調査したいなど，さまざまな目的を実現するためにドローン製作を行います．これらの目的に応じて，3.4節で述べたように設計仕様は変わってきます．したがって，まずは，ドローン製作の目的を明確にすることが極めて重要です．

目的が決まれば，大まかな全体設計の仕様書が作成できます．図4.1にマルチコプタなどのドローンの設計手順の一般的なフローを示しています．ドローン製作の目的が明らかになれば，目標の飛行時間，飛行距離，飛行速度，さらに，搭載する荷物の重量が決まります．これにより機体フレームの重量も概算して，概略の離陸時の総重量を決めます．2章でも述べられたように，この概算の総重量をいくつのモータ・プロペラで分担するかを想定します．この場合，一般的には機体の総重量が大きい場合は大きなプロペラ直径を使用することになりますが，

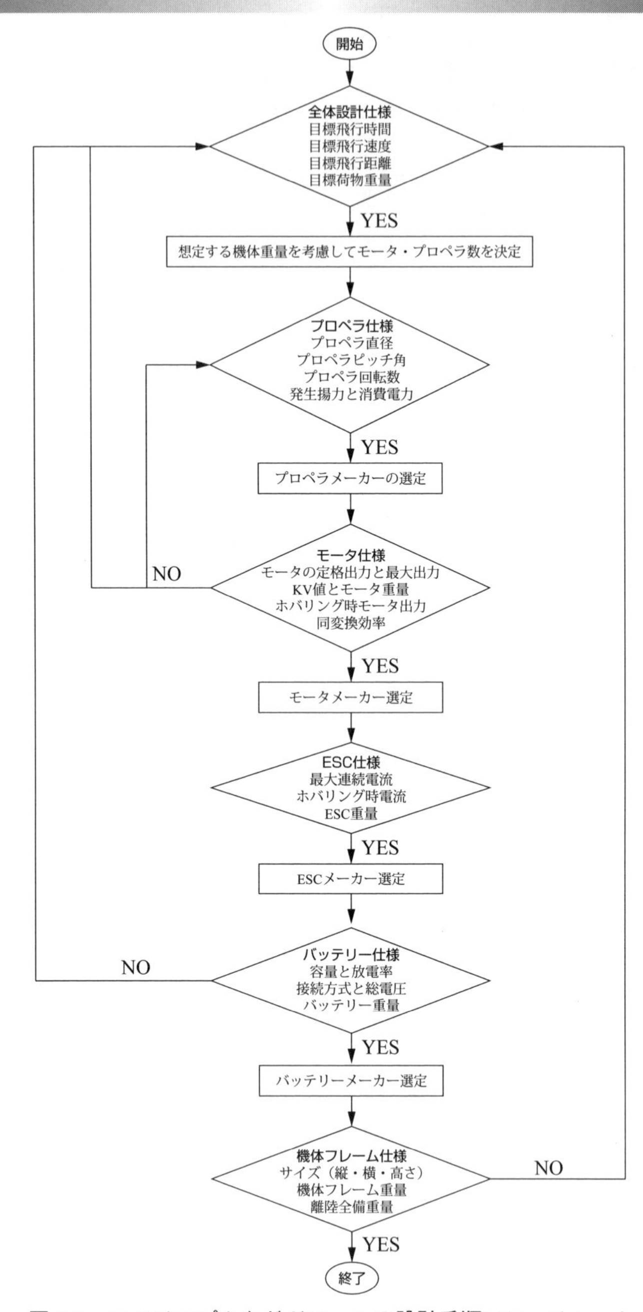

図4.1　マルチコプタなどドローンの設計手順フローチャート

そうすると機体のサイズが大きくなってしまいます．このため，サイズを大きくしないで大きな重量の機体を実現する場合は，プロペラ数を増やしていきます．たくさんのモータ・プロペラで分担すれば，1 個当たりのモータ・プロペラの負担は軽く済みます．3 章でも述べましたが，大きなモータ・プロペラと小さなモータ・プロペラそれぞれに長所と短所がありますので，ここは十分に検討する必要があります．

次にプロペラの仕様を決めます．具体的には，プロペラ直径，プロペラピッチ角，プロペラ回転数，発生揚力と消費電力です．この後に，選定されたプロペラのメーカーを選定します．場合によっては自作ということもあるかもしれません．一般に販売されているプロペラを駆動するモータはセットになっていることもあります．3 章では，おおよその揚力の計算式などを示しました．たとえば，総重量 20 kg の機体を 4 発のプロペラ，クワッドロータでホバリングさせる場合は，一つのプロペラ当たり 5 kg です．しかしこれは最大値ですので，少なくともプロペラ推力は最大 10 kg が必要になります．この結果，50 %の出力でホバリングできることになります．

次にプロペラを駆動するモータの仕様を決めます．3 章で説明したように，モータの仕様はモータの定格出力と最大出力，KV 値とモータ重量，ホバリング時モータ出力，モータの変換効率です．プロペラの仕様が決まって問題なければ，YES となり ESC の仕様に移ります．モータ仕様で調整がうまくいかない，つまり NO の場合は，プロペラの仕様に戻って再調整を行うことになります．要はここでは，プロペラとモータの最適化を行うということです．場合によっては，ループは図 4.1 のように全体設計仕様まで再検討という場合もありえます．つまり，希望するプロペラやモータがなく，設計仕様から再検討という場合です．プロペラとモータが最適化されたら，モータメーカーの選定を行い，ESC の仕様策定に行きます．

ESC の仕様はモータを駆動するために必要な電流を供給する役目で，最大連続電流，ホバリング時電流，ESC 重量です．ポイントは対モータへの余裕度で，ESC にとって過大電流でないか，あるいは過小電流でないかということです．適切な選定でないと，飛行中に ESC が焼き切れて機体が墜落したり，逆に，ESC 容量が大きすぎて電力消費が大きく省エネでなかったりします．ESC の仕様が決まればメーカーの選定になります．

今度は，ESC を介してモータにエネルギーを供給するバッテリーの仕様の策定になります．こちらも詳細は 3 章で述べましたが，バッテリー容量，放電率，接続方式，総電圧，バッテリー重量などです．ここも図 4.1 のモータと同様に適切な仕様が決まらない場合は，全体設計仕様の最初のところに戻ります．たとえば，ペイロード 100 kg とかの大型ドローンで，バッテリー駆動だとしますと，重量などの制約から適切なバッテリーは現存しないという場合があります．この場合はバッテリーを特注するか，全体設計仕様の変更もありえます．あるいは，内燃機関の利用や発電機搭載，燃料電池型とするなど根本的な設計思想にかかわってきます．バッテリーの仕様が YES となれば，メーカーの選定となります．

最後に，機体フレーム仕様になります．縦・横・高さのサイズ，十分な強度や剛性などを有する機体フレーム重量や構造や部品の配置レイアウトを決めます．あらかじめ想定した総重量近傍であれば問題ありませんが，そうでない場合はループの最初に戻ります．以上の試行錯誤を何度か繰り返して，全体の最適化を図っていきます．

以上が，一般的なマルチコプタ型ドローンの設計手順です．本書では3.4.1項で説明したように設計仕様を決めて，推進系やバッテリーの選定を行った後に，空撮用の汎用的なキットを使ったドローン製作をしました．次はフライトコントローラの実装です．

4.2 ドローンに関するオープンソースの現状

1 章で述べたように，本書ではオートパイロット（フライトコントローラ）はオープンソースを使用しています．ここではオープンソースの現状について俯瞰的に概要を説明します．

オープンソースは**オープンソースソフトウェア（OSS）**と**オープンソースハードウェア（OSH）**の二つから成っています．

OSS は，著作権所有者がいつでもソースコードを変更，あるいは，変更する権利を有するコンピュータソフトウェアのことです．このため，ソフトウェアを誰にでも，どんな目的にでも配布できます．OSS は，共同で公的な方法で開発される場合もあります．OSS は，オープンソース開発の最も代表的な例といえます．

OSH は，オープンソースというある種の文化的普及活動によって支えられた，さまざまなハードウェアに OSH の概念を適用しています．OSH は，ハードウェアに関する情報が詳細に公開されているために，一定の専門知識があれば容易に理解できるため，誰でもハードウェアを作成することができます．こうしたオープンソースのハードウェアを駆動するオープンソースのソフトウェアに加えて，ハードウェア設計，つまり，機械図面，電子回路，概略図，部品表，PCB レイアウトデータ，HDL ソースコード，および集積回路レイアウトデータなどすべてが，無料で自由にリリースされ，取得することができます．

こうした OSS や OSH のドローンに関するオープンソースの現状について解説します．ドローンに関して，オープンソースは多くの分野で利活用されており，商用ドローンの普及に大きな貢献をしています．その中で特に，Linux は最も有名なオペレーティングシステム（OS）です．ロボット工学分野では，ロボットオペレーティングシステム ROS に基づいて，2 000 を超えるプロジェクトが確立されています．

ドローンの場合，オープンソースを利用する主な理由は，それを使用することで，難解な姿勢推定アルゴリズムや飛行制御のフライトコントロールアルゴリズムから解放されて，ドローン製作を何十倍～何百倍とスピード化してくれて，製作プロセスを一気に楽しいものにしてくれるということです．

さらに，オープンソースを利用する主な理由は，ハードウェアとソフトウェアの両方の柔軟性を得ることができることです．これにより，特定の要件を満たすための変更が容易になります．さらに，オープンソースを利用することはマルチコプタの性能比較の研究を可能にします．また，他の人の結果を複製，あるいは拡張することができます．

オープンソースは日々進化していますので，一定の評価をするためには少なくとも数年間の期間を置く必要があります．ここでは，2019 年時点での世界的に有名なオープンソースプロジェクト（OSP）について解説し，それらの特徴などを紹介します．

4.2.1　フライトコントローラ用オープンソースハードウェア

まずは，ドローンのコアとなるフライトコントローラ（FC）用ハードウェアについて説明します．なぜなら，オープンソースのハードウェアが存在してはじめてオープンソースのソフトウェアが実行できるからです．FCは，最も重要な頭脳部に相当しておりメインのハードウェアボードです．FCはモータを制御し，ドローンの安定飛行を実現しています．このため内部センサ，または外部センサから信号を受信して，ドローン自身の姿勢推定を行い，かつ，適切な制御を実行する役目を担っています．そして，目的のナビゲーション（航法）を実行して地上と通信します．こうしたFCの性能は，ハードウェアとソフトウェアに大きく依存します．現在のほとんどのFCは32ビットプロセッサを使用しています．

これから説明するオープンソースFCハードウェアの一覧を表4.1に示しています．

(1) FPGAベースのプラットフォーム

FPGAは，Field-Programmable Gate Arrayの略です．一言でいうならば「現場でプログラムできる集積回路（IC)」ということになります．FPGAは通信機器やデータセンター，産業機器から家電にまで搭載される集積回路（IC）の一種です．約40年前から存在する技術ですが，通信量の肥大化，ビッグデータの活用，AIの登場，さらにFPGA自体の性能向上に伴い需要が高まり近年市場が拡大しています．

① Phenix Pro

Phenix Proは2015年にRobSense Techによって設計・製作されたチップを使用しており，本部は中国の杭州にあります．フライトコントローラ（FC）はリアルタイムOS（RTOS）が搭載されています．Linuxベースのロボットオペレーティングシステム（ROS）でもあります．FCは，オンボードセンサ，ミリ波レーダ，LiDAR，赤外線カメラ，ウルトラビジョンHDを含む20以上のインタフェースをサポートします．ソフトウェア無線などを介したビデオトランシーバや，そのハードウェア（FPGA）アクセラレーションにより，コンピュータビジョンが可能になります．さらに，ディープニューラルネットワークアルゴリズムのアプリケーションの実装も可能です．FreeRTOSベースのUAV RTOS（PhenOS）や組込みのマルチタスクスケジューリングとROSが含まれています．図4.2（a）はPhenix Proフライトコントローラを示し，同図（b）はその回路基板を示しています．プロジェクトのソフトウェアはThe GNU General Public License（GPL）v3ラ

表 4.1　オープンソース FC のハードウェアプラットフォーム一覧[1]

プラットフォーム	プロセッサ	センサ	インタフェース	消費電力〔W〕	寸法〔mm〕	重量〔g〕	URL
Phenix Pro	Xilinx Zynq SoC（ARM Cortex−A9）	HUB, IMU, GPS, LED	CAN，HDMI, Camera Link, LVDS, BT1120−PL	2.6	73.8×55.8×18	64	https://home.robsense.com
OcPoC	“Cyclone V”/“Xilinx Zynq”FPGA SoC（ARM Cortex−A9）	IMU, 気圧計, GPS, Bluetooth, Wi−Fi	PWM，I2C, CAN，Ethernet, SPI，JTAG, UART，OTG	4	42（D）×20（T）	70	www.aerotenna.com
Pixhawk/PX4	ARM Cortex−M4F	IMU, 気圧計, LED	PWM，UART, SPI，I2C, CAN，ADC	≈1.6	81.5×50×15.5	38	www.pixhawk.org
Pixhawk 2	STM32F427	IMU, 気圧計, LED	PWM，UART, SPI，I2C, CAN，ADC	—	Cube：35×35	—	www.proficnc.com
Paparazzi（Chimera）	STM32F767	IMU, 気圧計	XBEE，PWM, UART，SPI, I2C，CAN, AUX	—	89×60×—	—	www.paparazzi-uav.org
CC3D	STM32F	ジャイロ, 加速度計	S. BUS，I2C, シリアル	—	36×36×—	8	http://opwiki.readthedocs.io/en/latest/user_manual/cc3d/
Atom	STM32F	ジャイロ, 加速度計	S. BUS，I2C, シリアル	—	15×7×—	4	http://opwiki.readthedocs.io/en/latest/user_manual/cc3d/
APM 2.8	ATMEGA 2560	IMU, 気圧計, LED	UART，I2C, ADC	—	70.5×45×13.5	31	https://ardupilot.co.uk
FlyMaple	STM32	IMU, 気圧計	PWM，UART, I2C	—	50×50×12	15	https://emlid.com
Erle−Brain：PXFmini	Raspberry Pi	IMU, 気圧計	PWM，UART, I2C，ADC	—	31×73	15	www.erlerobotics.com

D：直径，T：厚さ

(a)　全体外観　　(b)　ケース内部の回路基板

図 4.2　Phenix Pro フライトコントローラ

イセンスとなっています．

GPL ライセンスとは，オープンソースソフトウェアを開発・配布する際に用いられる代表的なオープンソースライセンスの一つで，利用許諾のための条件などを定めています．たとえば，著作物の自由な利用・改変・再配布をする権利を人々に提供し，そこから派生した著作物についてもこれらの行為を制限してはならないというものです．

②　OcPoC

2015 年に米国カンザス州のカンザス大学にある産学連携施設に拠点を有する Aerotenna Company により開発された，オクタゴナルパイロットオンチップ **OcPoC** を**図 4.3** に示しています．図 4.3 に示すように八角形の形状をしたボードからこの名前がついています．同図（a）は OcPoC フライトコントローラを示し，同図（b）はその回路基板を示しています．OcPoC は入力や出力機能を拡張することができます．後述する ArduPilot ソフトウェアのプラットフォームでもあり，リアルタイム処理も実装可能です．多くの標準化された周辺機器などの対応にも優れています．

(2) Arm ベースのプラットフォーム

①　Pixhawk/PX4

Arm プロセッサは，32 ビットマクロプロセッサとしては世界で最もヒットしているファブレス企業の Arm 社の製品です．Arm は 2016 年にソフトバンクに買収され，2020 年に NVIDIA による買収の話がありましたが 2022 年に同社は断念し

(a) 全体外観　　(b) ケース内部の回路基板

図 4.3 OcPoC のフライトコントローラ

ました．Pixhawk/PX4 は，スイスのスイス連邦工科大学（ETH）チューリッヒ校のコンピュータビジョンジオメトリ研究室と自律システム研究室によって開発されたコンピュータビジョンベースのフライトコントローラで，PX4 が進化した FC です．この FC は PX4 の FMU（Flight Management Unit）コントローラや PX4-IO を一つの基板に統合しています．また，Linux Foundation Dronecode プロジェクトとも強く連携しています．さらに，MAVLink プロジェクトとも連携しています．図 4.4（a）は Pixhawk/PX4 フライトコントローラを示し，同図（b）はその回路基板を示しています．これはバークレーソフトウェアディストリビューション（BSD）ライセンスとなっています．

② Pixhawk 2

Pixhawk 2 は Pixhawk のハードウェアをルーツに成長していて，PX4 と Ardupilot プロジェクトと連携して進められています．そして，小さな直方体の中に三つの IMU と三つの GPS モジュールを組み込んだ冗長システムになっています．直方体へのすべてのコネクタ（I/O）はシングルの DF17 コネクタです．図 4.5 に Pixhawk 2 のフライトコントローラ全体外観（同図（a））とケース内部の回路基板（同図（b））を示しています．

③ Paparazzi（パパラッチ）

Paparazzi は 2003 年からフランスの ENAC（Ecole Nationale del'Aviation Civile,

(a) 全体外観

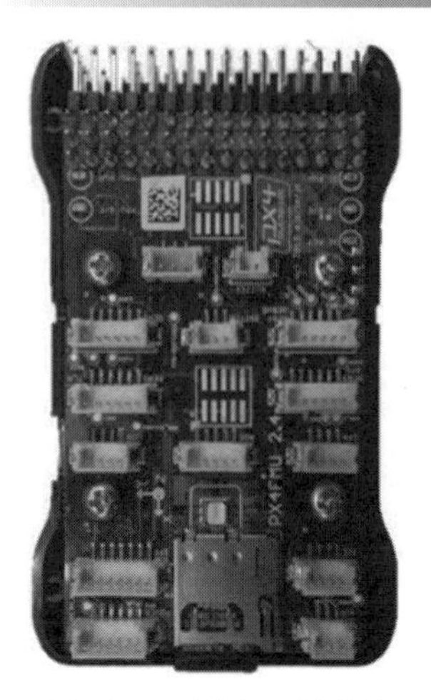

(b) ケース内部の回路基板

図 4.4　Pixhawk/PX4 のフライトコントローラ

(a)　全体外観

(b)　ケース内部の回路基板

図 4.5　Pixhawk 2 のフライトコントローラ

国立航空大学校）UAV ラボで開発されているハードウェアとソフトウェアのプロジェクトで，世界最初で最も古いオープンソースの FC です．オートパイロットシステムと地上局ソフトウェアが含まれます．対象は，マルチコプタ，シング

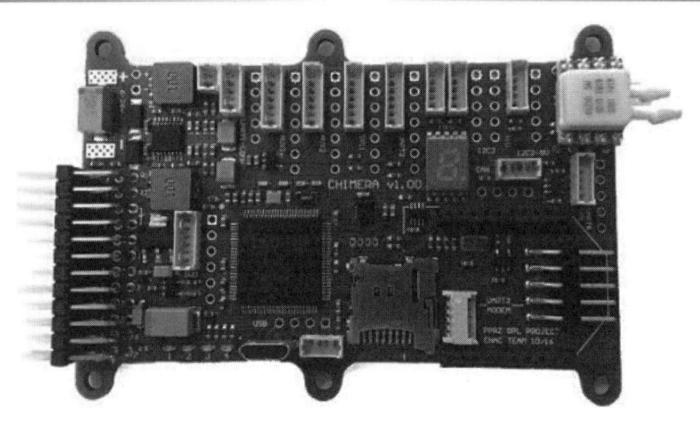

図 4.6　Paparazzi Chimera の STM ベースのフライトコントローラ

ルロータヘリコプタ，固定翼，固定翼と回転翼のハイブリッド機などあらゆるドローンに対応しています．ENAC ラボは 2017 年 3 月に新しい STM32F7 に基づく Chimera というマイクロコントローラユニット（MCU）をリリースしました．ハードウェアとソフトウェアは GPL ライセンスで利用できます．図 4.6 に Paparazzi Chimera の STM ベースのフライトコントローラを示します．

④　CC3D & Atom

CC3D と Atom は二つのコントローラで機能は同じですが，サイズが異なります．これらは元の OpenPilot によって開発されています．なお，最近は名前を変えて LibrePilot になっています．CC3D Atom ボードは OpenPilot/LibrePilot ファームウェアを実行するオールインワンの安定化ハードウェアです．CC3D と Atom は OpenPilot/LibrePilot を使って固定翼から任意のマルチコプタまで対応可能です．ハードウェアとソフトウェアは GPLv3 ライセンスで使用できます．図 4.7 にそれぞれのフライトコントローラボードを示します．

(3)　Atmel ベースのプラットフォーム

①　ArduPilot Mega（APM）

マイクロコントローラ大手の Atmel 社は 2016 年 1 月に Microchip 社に買収されています．ArduPilot Mega（APM）は DIY ドローンコミュニティによって開発された Arduino Mega ベースのオートパイロットシステムで，ArduPilot フライトコントローラとしてアップグレードしています．制御対象はシングルロータヘ

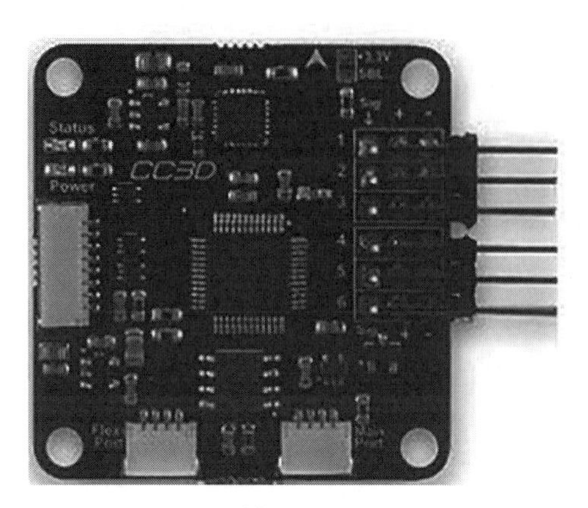

(a)　CC3D

(b)　Atom

図 4.7　CC3D と Atom のフライトコントローラボード

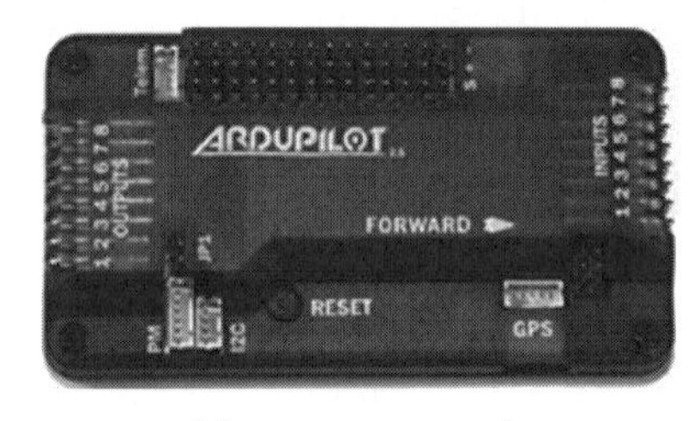

(a)　APM2.8ユニット

(b)　APM2.8回路

図 4.8　ArduPilot Mega（APM）オートパイロット

リ，マルチロータヘリ，固定翼，地上グランドローバやアンテナトラッカなどです．こちらも GPLv3 ライセンスで使用できます．図 4.8 は ArduPilot Mega（APM）オートパイロットを示しています．

②　FlyMaple

FlyMaple は Maple プロジェクトに基づくクワッドコプタのコントローラです．FlyMaple の設計は，Arduino の APM プロセッサである Maple に基づいています．対象は IMU や高性能実時間処理を必要とするバランスロボットやモバイルプラットフォーム，シングルヘリコプタ，クワッドコプタなどです．図 4.9 は FlyMaple の FC ボードを示しています．

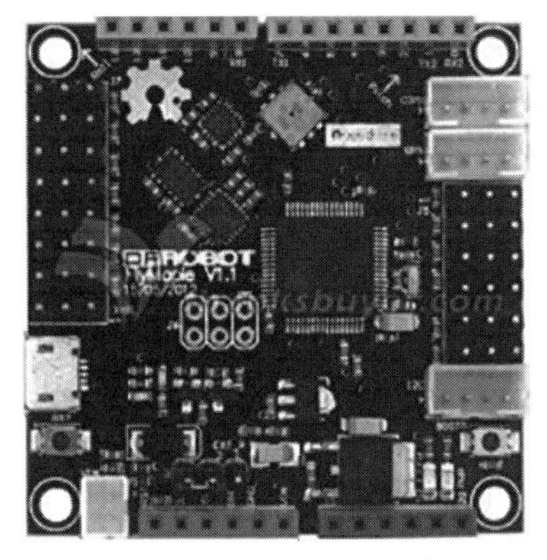

図 4.9　FlyMaple の FC ボード

(4) Raspberry Pi ベースのプラットフォーム

① Erie-Brain 3

Raspberry Pi は，英国の Raspberry Pi 財団がコンピュータサイエンスの教育用として開発したものです．Erie-Brain 3 はスペインの Erie Robotics 社によって開発されたドローン用の Linux ベースオープンソースパイロットです．これは Raspberry Pi の組込み Linux コンピュータといくつかのセンサを含む姉妹ボード（PXFmini），I/O とパワーエレクトロニクスから構成されています．PXFmini は Raspberry Pi ファミリー向けのロボットやドローン用のオープンハードウェアオートパイロットです．また，Dronecode Foundation の技術の上に構築されています．図 4.10 は Erie-Brain 3 オートパイロットと PXFmini＋Raspberry Pi の構成を示しています．

(5) すでに活動を停止したオープンソースハードウェア（OSH）

① AeroQuad

AeroQuad は Arduino ベースのクワッドロータ用オートパイロットとして開発されましたが，2015 年に活動を停止しました．図 4.11 は AeroQuad の FC の回路ボードです．ただし，ソフトウェアは有効です．

② MikroKopter

MikroKopter Ver.2.5 は ATMEGA1284PMU MCU に基づくオープンソースフライトコントローラでした．Ver.3.0 は冗長システムを扱っていました．図 4.12 に

（a） Erie−Brain 3

（b） PXFmini＋Raspberry Pi

図 4.10　Erie−Brain 3 オートパイロット

図 4.11　AeroQuad の FC 回路ボード

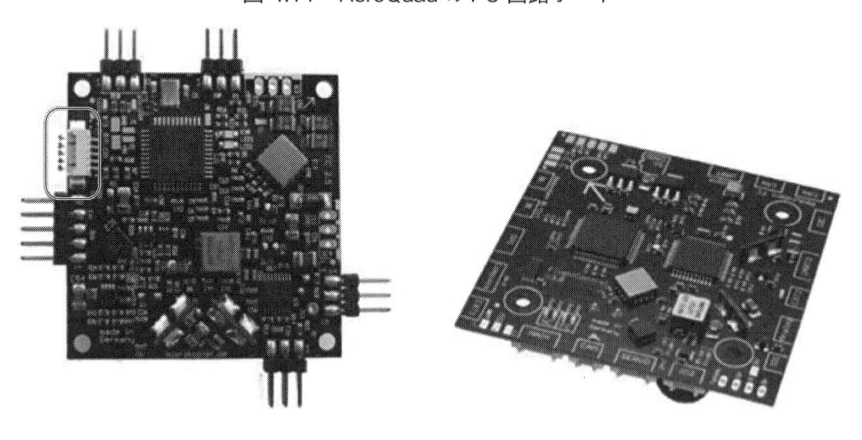

（a） Ver. 2.5　　（b） Ver. 3.0

図 4.12　MikroKopter の FC ボード

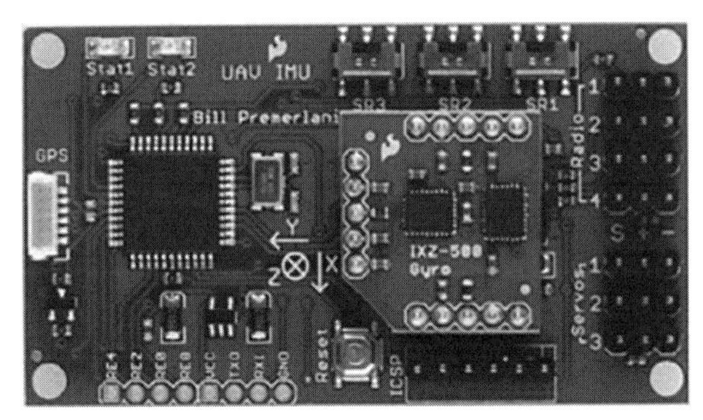

図 4.13　MatrixPilot で活用された Sparkfun 社の UAV 開発ボード v3

MikroKopter Ver. 2.5，Ver. 3.0を示しています．こちらもソフトウェアは有効です．

③　MatrixPilot

MatrixPilot は固定翼 UAV 用の FC で，Sparkfun 社から UAV 開発ボード v3 として提供されていました（図 4.13 参照）．これはマイクロチップの 16 ビットのディジタルシグナルコントローラでした．ボードは引退しましたが，ソフトウェアは有効です．

4.2.2　オープンソースソフトウェアプラットフォーム

表 4.2 にオープンソースソフトウェア（OSS）の一覧を示しています．ここでは OSS を説明してそれらの機能を要約します．OSS プラットフォームは，コンピュータアプリケーションのソースコードを意味しており，ライセンスされてい

表 4.2　オープンソースソフトウェアプラットフォームの一覧

プラットフォーム	プロセッサ	プログラミング言語	Web サイト	ソースコードリンク
ArduPilot	32 ビット ARM	C++	www.ardupilot.org	www.github.com/ArduPilot
MultiWii	8 ビット ATMega328	C	www.multiwii.com	http://code.google.com/p/multiwii/
AutoQuad	32 ビット ARM	C	www.autoquad.org	www.github.com/mpaperno/aq_flight_control
LibrePilot	32 ビット ARM	C++	www.librepilot.org	www.bitbucket.org/librepilot & www.github.com/librepilot

ます．ライセンスは著作権所有者に，あらゆる目的に対してソフトウェアを研究し，変更し，誰にでも与える権利を提供しています．

（1）ArduPilot

ArduPilotはフル機能で信頼性の高いOSSで，現在広く利用されている自動操縦型OSSです．固定翼，シングルヘリ，マルチヘリ，地上の移動ロボット，ローバー，さらに，海上ボート，海中ドローン，潜水艦など陸海空のすべてのビークルに適用可能であることが知られています．ArduPilotのソフトウェアは，最初は8ビットARMベースのMCUを独自のボードで実行するために開発されました．その後，32ビットのARMベースのMCUに最適化するように進化してきました．そして，先述したようにArduPilot Mega（APM）に置き換えられました．もちろん，Linux上で動作します．ソフトウェアライセンスはGPLv3で利用できます．

（2）MultiWii

MultiWiiはArduinoプラットフォーム用に開発され，任天堂Wiiのセンサに基づいた飛行制御ソフトウェアですが，他のセンサやプラットフォームにも移植可能です．なお，このソフトは2個から8個までのプロペラを有するドローンで，いわゆるトライ，クワッド，ヘキサ，オクトコプタに適用できます．ソースコードはGPLv3のもとで利用できます．

（3）AutoQuad

AutoQuadはオープンソースハードウェアに基づくESCとオープンソースソフトウェアに基づくフライトコントローラを開発するプロジェクトです．フライトコントローラは10年以上にわたって製品を開発してきています．ファームウェアはCORTEX M4プロセッサと浮動小数点ユニット（FPU）を有するSTM32F4シリーズMCUで書かれています．AutoQuadは14BLDCsまでサポートしており，QGroundControlと互換性があります．ソースコードはGPLv3ライセンスです．

（4）LibrePilot

LibrePilotは2015年7月にスタートして，ビークル制御と安定化，無人の自律型ビークル，ロボティクスなどのさまざまな用途に使用可能なソフトウェアとハードウェアの研究開発に焦点が当てられています．LibrePilotはOpenPilotのプロジェクト上に構築されています．また，Armベースのクローズドソースフライトコントローラボード上で実行できます．ソフトウェアはGPLv3ライセンスです．

(5) Dronecode コミュニティ

Dronecode コミュニティはLinux財団が管理する非営利団体です．目標はより安く信頼性の高い，より良いソフトウェアを開発することです．多くのパートナーがかかわっており，開発されたオープンソースコードには，通信，ハードウェア，ソフトウェア，シミュレーションなどの内容が含まれています．すでに1 200名以上の開発者が本プロジェクトのコード開発に取り組んでおり，多くの商用およびオープンソースの製品に適用されています．Dronecodeコミュニティは OSH Pixhawk，FlyMaple，Erie-Brain 2に対してソフトウェアを提供しています．

(6) OSS プロジェクトが停止した団体

① Javiator

Javiatorは，オーストリアのザルツブルグ大学コンピュータサイエンス学科の計算システムグループの研究プロジェクトでした．プロジェクトは2006年から2013年まで継続しました．プロジェクトの目標はUAV上で，ハイレベルの実時間プログラミング処理と並列演算処理などを開発することでした．プロジェクトはJaviator Plant（JAP），飛行制御システム（FCS），グラウンドコントロールシステム（GCS）の三つのソフトウェアを配信しました．FCSはC言語で書かれ，ATMEGA128プロセッサを含むRobostix-Gumstix上で実行します．ソースコードはまだ有効です．

② OpenPilot

OpenPilotはマルチコプタや固定翼の機体をサポートするオープンソースUAVプロジェクトでした．このプロジェクトは2015年に停止して，LibrePilotに受け継がれました．

4.3 本書で使用するオープンソースハードウェアとオープンソースソフトウェア

なお，今回使用するのは図4.14に示したOSHのPixhawk 4 Mini[2]とOSSのArduPilotです．このオートパイロットは，Pixhawk 4のパワーを活用しようとしていますが，小型のドローンを使用しているエンジニアや愛好家向けに設計され

図 4.14　本書で使用するオープンソースハードウェア Pixhawk 4 Mini

ています．Pixhawk 4 Mini は，Pixhawk 4 から FMU プロセッサとメモリリソースを取得すると同時に，通常は使用されないインタフェースを未装備としています．これにより，Pixhawk 4 Mini を 250 mm レーサードローンにも収まるほど小さくすることができます．Pixhawk 4 Mini は簡単にインストールできます．2.54 mm（0.1 inch）ピッチのコネクタにより，八つの PWM 出力を市販の ESC に簡単に接続できます．Pixhawk 4 Mini は，Holybro および Auterion と共同で設計および開発されました．これは，Pixhawk FMUv5 設計標準に基づいており，PX4 飛行制御ソフトウェアを実行するように最適化されています．以下に技術的仕様を示しています．

[技術的仕様]

FMU プロセッサ：STM32F765

・32 ビット ArmCortex-M7，216 MHz，2 MB メモリ，512 KB RAM

オンボードセンサ

・加速度／ジャイロ：ICM-20689

・加速度／ジャイロ：BMI055

・方位計：IST8310

・気圧計：MS5611

GPS：u-blox Neo-M8N GPS/GLONASS　レシーバー：統合磁力計 IST8310

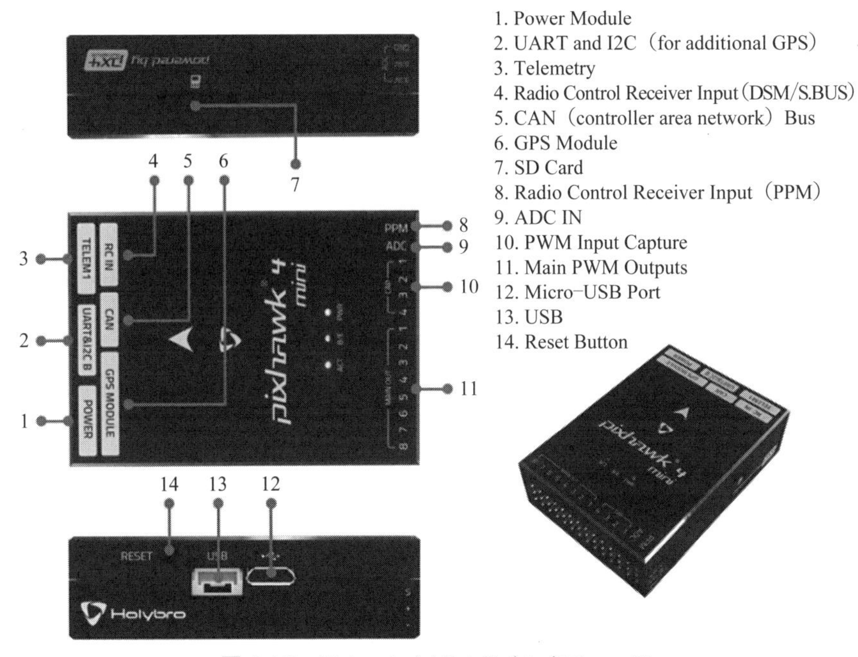

図 4.15　Pixhawk 4 Mini のインタフェース

インタフェース（図 4.15）：

- 八つの PWM 出力
- FMU の四つの専用 PWM／キャプチャ入力
- CPPM 専用の R/C 入力
- アナログ／PWMRSSI 入力を備えた Spektrum/DSM および S.BUS 専用の R/C 入力
- 三つの汎用シリアルポート
- 二つの I2C ポート
- 三つの SPI バス
- 一つの CANESC 用 CANBuses
- バッテリーの電圧／電流のアナログ入力
- 二つの追加のアナログ入力

電力システム：

- 電源アダプタ入力：4.75〜5.5 V
- USB電源入力：4.75〜5.25 V
- サーボレール入力：0〜24 V
- 最大電流検出：120 A
- 消費電流：250 mA @ 5 V未満

機械的データ

- 寸法：38×55×15.5 mm
- 重量：37.2 g

その他の特徴：

- 作動温度：−40〜85 ℃

追加情報は，Pixhawk 4 Miniテクニカルデータシートにあります．

4.4 PixhawkとArduPilotで用いられている姿勢推定アルゴリズムと拡張カルマンフィルタ

4.4.1 姿勢センサの構成要素

三次元空間を任意に運動するドローンにとって，自分の姿勢がどのようになっているか，特に，地上から見たときにいわゆるロール角，ピッチ角，ヨー角はどのようであるかを知ることは飛翔体にとって大変重要です．特に地上固定座標系から見たときの飛翔体のロール角，ピッチ角，ヨー角の姿勢制御は飛翔体の制御の中でも最も重要な制御の一つです．

こうした姿勢制御を行うためには，姿勢を計測するセンサが必要ですが，実はドローンのような三次元空間を任意に運動する物体の姿勢角を直接計測できるセンサは現存しません．姿勢センサと呼んでいるデバイスは，複数のセンサ素子によって構成され，内部演算によって3軸の姿勢角，もしくは同等の姿勢表現を出力するセンサユニットと定義できます．つまり，姿勢の推定値を出力しているデバイスのユニットが**姿勢センサ**と呼ばれています．

ここでは，実際にドローンに搭載された3軸加速度センサ，3軸角速度センサの6軸センサデータや，さらに，3軸磁気センサデータを追加した9軸センサデータを用いて機体座標系の姿勢を推定し，さらに推定された機体座標系での姿勢角を地上座標系に変換することで，地上固定座標系からみた姿勢角を推定するアルゴリズムについて述べます．すなわち，**姿勢推定アルゴリズム**について述べます．この場合，オイラー角は特異点を有する問題があるため，ここでは**クォータニオン**（四元数）を用いることにします．

なお，クォータニオンに馴染みのない人が多いかと思いますが，もし勉強されたいと思われる方は，文献［3］を参照してください．なお，クォータニオンを詳しく理解していなくても，オイラー角の代わりをする四つのパラメータと理解していただいて，読み飛ばしてもらってかまいません．

このようなセンサは計測する**磁気**（Magnetism），**角速度**（Angular Rate），**重力**（Gravity）の頭文字をとった**MARGセンサ**と呼ばれることもあります．また，市販品やUAVの研究において混同しやすい名称として，**ジャイロセンサ**（Gyro Sensor），**慣性計測装置**（Inertial Measurement Unit：IMU），**姿勢方位基準装置**（Attitude Heading Reference System：AHRS）の3種類があり，ここでは 図4.16のように区別することにします．

（1）ジャイロセンサ

ジャイロセンサ（Gyro Sensor）は角速度を検出し出力する装置で，角速度を積分することで3軸の姿勢角が得られるため，高性能なジャイロセンサのことを姿

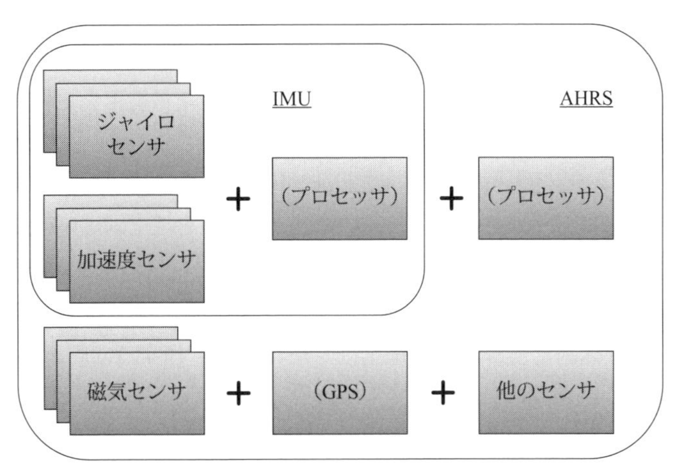

図4.16　姿勢センサの構成要素[3]

勢センサと呼ぶこともあります．しかしながら，ドローンの飛行時間中の積分演算に耐えうるほどの高性能なものは価格的に不向きです．

(2) 慣性計測装置

慣性計測装置（Inertial Measurement Unit：IMU）は 3 軸の角速度（角度）と加速度を出力する装置です．3 軸のジャイロセンサと 3 軸の加速度センサを搭載し，その 6 軸を出力するタイプと，演算装置を搭載しジャイロの積分をベースとした角度推定を行うタイプが存在します．しかしながら，角度は電源立上げ時の状態を 0 とした相対的なものであるため，絶対的な角度が得られるわけではありません．6 軸が 1 ユニットとなっているため，本装置をもとに AHRS を構成する例も多いです．

(3) 姿勢方位基準装置

姿勢方位基準装置（Attitude Heading Reference System：AHRS）は，地上水平面と磁北に対する機首方位を出力します．3 軸のジャイロセンサと 3 軸の加速度センサと 3 軸の磁気センサを搭載し，複合的に姿勢方位を求めます．単体では加速度が印加されたときに姿勢誤差を生じるので，GPS の信号を取り込み，加速度センサの値を補正することで航空機などの移動体へも搭載可能としています．場合によってはそれ以上のセンサを搭載していることもあります．

4.4.2 拡張カルマンフィルタを用いた姿勢推定アルゴリズム

姿勢推定アルゴリズムは，一般には 3 軸ジャイロ（3 軸角速度）と 3 軸加速度の信号から構成されています．Pixhawk と ArduPilot に適用されている**拡張カルマンフィルタ**（**EKF**：Extended Kalman Filter）ベースの姿勢推定アルゴリズムの概要を次に述べます．

(1) クォータニオンを用いた姿勢推定のための状態空間モデルの導出

まず，状態空間モデルの導出から行います．$\boldsymbol{p}$ と $\boldsymbol{v}$ を地上固定座標系上の三次元位置ベクトルと三次元速度ベクトルとして，$\boldsymbol{q}$ をクォータニオン形式の姿勢角表現，$\boldsymbol{b}$ をジャイロバイアスベクトルとして，状態変数ベクトル $\boldsymbol{x}_k$ の要素とします．$\boldsymbol{R}_{eb}(\boldsymbol{q})$ は機体固定座標系から地上固定座標系に変換する回転行列，$\boldsymbol{\Omega}(\boldsymbol{q})$ はクォータニオンの角速度行列として，単位クォータニオンとします．$\boldsymbol{a}$ は機体固定座標系の線形加速度ベクトルを示し，$\boldsymbol{\omega}$ は機体固定座標系の角速度ベクトルとします．このとき離散時間状態方程式は次式で表現できます[4]．

$$\boldsymbol{x}_k=\begin{bmatrix}\boldsymbol{p}_k\\\boldsymbol{v}_k\\\boldsymbol{q}_k\\\boldsymbol{b}_k\end{bmatrix}=\begin{bmatrix}\boldsymbol{v}_{k-1}\\\boldsymbol{R}_{eb}(\boldsymbol{q}_{k-1})\cdot\boldsymbol{a}_{k-1}\\\frac{1}{2}\Omega(\boldsymbol{q}_{k-1})\cdot\boldsymbol{\omega}_{k-1}\\\boldsymbol{w}_{b,k-1}\end{bmatrix} \tag{4・1}$$

式(4・1)において，ジャイロバイアスベクトル $\boldsymbol{b}_k$ はシステムノイズ $\boldsymbol{w}_b$ を含んでいると仮定します．ここで，システム入力を $\boldsymbol{u}_k$ として，角速度ベクトルの計測値 $\boldsymbol{\omega}_m$ と線形加速度ベクトルの計測値 $\boldsymbol{a}_m$ から構成されていると仮定すれば，次式となります．

$$\boldsymbol{u}_k=\begin{bmatrix}\boldsymbol{\omega}_{m,k}\\\boldsymbol{a}_{m,k}\end{bmatrix}=\begin{bmatrix}\boldsymbol{\omega}_k-\boldsymbol{w}_{\omega,k}+\boldsymbol{b}_k\\\boldsymbol{a}_k-\boldsymbol{w}_{a,k}-\boldsymbol{R}_{eb}{}^T(\boldsymbol{q}_k)[0\quad 0g]^T\end{bmatrix} \tag{4・2}$$

ここで，$\boldsymbol{w}_\omega$ と $\boldsymbol{w}_\mathrm{a}$ はシステムノイズベクトルを意味しており，g は重力加速度を示します．式(4・2)を式(4・1)に代入すると，次の非線形離散時間状態方程式が得られます．

$$\begin{aligned}\boldsymbol{x}_k&=f(\boldsymbol{x}_{k-1},\boldsymbol{u}_{k-1})+\boldsymbol{w}_{k-1}\\&=\begin{bmatrix}\boldsymbol{v}_{k-1}\\\boldsymbol{R}_{eb}(\boldsymbol{q}_{k-1})(\boldsymbol{a}_{m,k-1}+\boldsymbol{w}_{a,k-1})+[0\quad 0g]^T\\\frac{1}{2}\Omega(\boldsymbol{q}_{k-1})(\boldsymbol{\omega}_{m,k-1}+\boldsymbol{w}_{\omega,k-1}-\boldsymbol{b}_{k-1})\\\boldsymbol{w}_{b,k-1}\end{bmatrix}\end{aligned} \tag{4・3}$$

ここで，$\boldsymbol{w}_k=[w_{\omega,k},w_{a,k},w_{b,k}]^T$ はシステムノイズを意味します．また，非線形な観測方程式は

$$\boldsymbol{z}_k=h(\boldsymbol{x}_k)+\boldsymbol{v}_k=\begin{bmatrix}\boldsymbol{p}\\\boldsymbol{v}\\\boldsymbol{m}_b\\h_b\end{bmatrix}=\begin{bmatrix}\boldsymbol{p}\\\boldsymbol{v}\\\boldsymbol{R}_{eb}{}^T(\boldsymbol{q})\boldsymbol{m}_e\\-P_z\end{bmatrix} \tag{4・4}$$

ただし，簡単のために添字 k は略しています．ここで，$\boldsymbol{m}_b$ は地上固定座標系での磁界 $\boldsymbol{m}_e$ の機体座標系での磁界の計測値を，h_b は観測ノイズ $\boldsymbol{v}_k$ を含む，気圧計 P_z によって計測された高度を示しています．

ここで，$\boldsymbol{R}_{eb}(\boldsymbol{q}_{k-1})$はクォータニオンを$\boldsymbol{q}=[q_0, q_1, q_2, q_3]$として，以下となります．

$$\boldsymbol{R}_{eb}(\boldsymbol{q}_{k-1})=\begin{bmatrix} q_0^2+q_1^2-q_2^2-q_3^2 & 2q_1q_2+2q_0q_3 & 2q_1q_3-2q_0q_2 \\ 2q_1q_2-2q_0q_3 & q_0^2+q_2^2-q_1^2-q_3^2 & 2q_2q_3+2q_0q_1 \\ 2q_1q_3+2q_0q_2 & 2q_2q_3-2q_0q_1 & q_0^2+q_3^2-q_1^2-q_2^2 \end{bmatrix}$$

また，$\Omega(\boldsymbol{q}_{k-1})$はクォータニオン$\boldsymbol{q}$の角速度ベクトルを$\boldsymbol{\omega}=\omega_0+\omega_1\boldsymbol{i}+\omega_2\boldsymbol{j}+\omega_3\boldsymbol{k}$として

$$\Omega(\boldsymbol{q}_{k-1})=\begin{bmatrix} q_0 & -q_1 & -q_2 & -q_3 \\ q_1 & q_0 & -q_3 & q_2 \\ q_2 & q_3 & q_0 & -q_1 \\ q_3 & -q_2 & q_1 & q_0 \end{bmatrix}=\begin{bmatrix} 0 \\ \omega_1 \\ \omega_2 \\ \omega_3 \end{bmatrix}$$

となります．式(4･3)の状態変数ベクトル$\boldsymbol{x}_k$は三次元位置ベクトル，三次元速度ベクトル，四次元クォータニオンベクトル，三次元ジャイロバイアスベクトルの十三次元状態ベクトルとなります．一方，式(4･4)の出力ベクトル$\boldsymbol{z}_k$は，三次元位置ベクトル，三次元速度ベクトル，三次元磁界ベクトル，一次元気圧高度スカラ値の十次元ベクトルです．もし状態変数ベクトルを四次元クォータニオンベクトルと三次元ジャイロバイアスベクトルの七次元とすることも可能です[3]．演算時間を早くするために簡略化することも有効な場合があります．

これによって，各3軸の加速度，ジャイロ（角速度），方位信号と，GPS信号，気圧高度の計測値を使って，式(4･3)と式(4･4)を標準的な拡張カルマンフィルタアルゴリズムによって解くことで，式(4･1)の地上固定座標における3軸位置，3軸速度，クォータニオン表現の姿勢角がすべて推定されることになります．

(2) 時系列に対するカルマンフィルタ

さて，拡張カルマンフィルタのアルゴリズムを説明する前に，拡張カルマンフィルタの基礎になっている，カルマンフィルタについてその概略を説明します．**カルマンフィルタ**とは，式(4･3)，(4･4)で示したシステムが線形システムだと仮定した場合に，その状態を逐次推定していく方法で，実システムのシステムノイズ（プロセスノイズともいいます）や，観測ノイズを考慮してシステムの状態を確率統計的に推定していくところに特徴があります．

カルマンフィルタは，何らかの形式でモデリングされていること，何らかの方

法で状態の一つ，または，それ以上が観測できることが必要です．式(4•3)，(4•4)は非線形システムですが，モデリングされた結果です．モデリングには運動方程式を基礎にしたり，システム同定と呼ぶシステムへの入力と出力から，システムの動特性を導く方法などいくつかの方法があります[3]．

対象とするシステムが下記のように線形離散時間状態空間モデルで記述されて，A，$\boldsymbol{b}$，$\boldsymbol{c}$ が既知だと仮定します[5]．

$$\boldsymbol{x}(k+1)=A\boldsymbol{x}(k)+\boldsymbol{b}v(k)$$
$$y(k)=\boldsymbol{c}^T\boldsymbol{x}(k)+w(k) \quad (4•5)$$

ここで，各記号は以下を意味すると仮定します．式(4•5)はブロック線図で示すと図 4.17 となります．

k：離散的（連続的ではない）な時間を示す

$\boldsymbol{x}(k)$：n 次元状態ベクトル

$y(k)$：スカラ時系列データ

A：$n\times n$ 行列

$\boldsymbol{b}$：n 次元列ベクトル

$\boldsymbol{c}$：n 次元列ベクトル

$v(k)$：平均値 0，分散 $\sigma_v{}^2$ の正規正白色雑音

$w(k)$：平均値 0，分散 $\sigma_w{}^2$ の正規正白色雑音

また，式(4•5)で

$\boldsymbol{x}(k)$が算出したいシステムの状態

$y(k)$が観測値

とします．以上の前提条件の下で，以下を定義します．

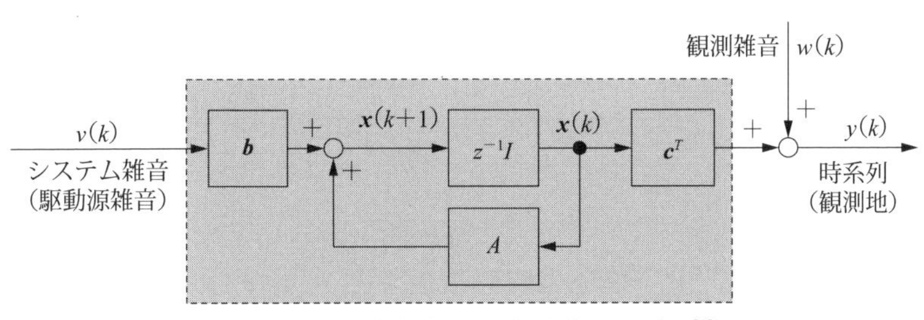

図 4.17　時系列データの状態空間モデル[5]

項　目	説　明	名　称
$\hat{\boldsymbol{x}}(k)$	時刻 k までに利用可能なデータ（$y(k)$も含める）に基づいた，時刻 k における $\boldsymbol{x}$ の推定値	**最適推定値や事後推定値という**
$\hat{\boldsymbol{x}}^{-}(k)$	時刻$(k-1)$までに利用可能なデータに基づいた，時刻 k における $\boldsymbol{x}$ の推定値	**予測推定値や事前推定値という**
$\tilde{\boldsymbol{x}}(k)=\boldsymbol{x}(k)-\hat{\boldsymbol{x}}(k)$	推定値の真の値の誤差	**状態推定誤差という**
$P^{-}(k)=E[\tilde{\boldsymbol{x}}^{-}(k)(\tilde{\boldsymbol{x}}^{-}(k)^{T})]$	$\tilde{\boldsymbol{x}}^{-}(k)$の共分散行列	
$P(k)=E[\tilde{\boldsymbol{x}}(k)(\tilde{\boldsymbol{x}}(k)^{T})]$	$\tilde{\boldsymbol{x}}(k)$の共分散行列	

カルマンフィルタでは，**事前推定値**と**事後推定値**の二つの量があります．事前推定値は時刻$(k-1)$の時点で時刻 k の状態を推定することで，事後推定値は観測値 $y(k)$を含めて改めて推定し直した値のことです．**共分散行列**とは，平均値に対する言葉で，平均値はデータが分散している場合の平均を取った値で，**一次モーメント**とも呼びます．**共分散**は分散の度合いを示す言葉で，平均値が同じでもデータの散らばり状態が大きい場合は分散が大きいことになり，共分散は**二次モーメント**と呼ばれています．

この結果，**事前状態推定値**は次式で記述できます．

名　称	式
事前状態推定値	$\hat{\boldsymbol{x}}^{-}(k)=A\hat{\boldsymbol{x}}(k-1)$
事前誤差共分散行列	$P^{-}(k)=AP(k-1)A^{T}+\sigma_{v}^{2}\boldsymbol{b}\boldsymbol{b}^{T}$

一方，**事後状態推定値**は次式で与えられます．

名　称	式
カルマンゲイン	$\boldsymbol{g}(k)=\dfrac{P^{-}(k)\boldsymbol{c}}{\boldsymbol{c}^{T}P^{-}(k)\boldsymbol{c}+\sigma_{w}^{2}}$
状態推定値	$\hat{\boldsymbol{x}}(k)=\hat{\boldsymbol{x}}^{-}(k)+\boldsymbol{g}(k)(y(k)-\boldsymbol{c}^{T}\hat{\boldsymbol{x}}^{-}(k))$
事後誤差共分散行列	$P(k)=(I-\boldsymbol{g}(k)\boldsymbol{c}^{T})P^{-}(k)$

以上のように，式(4･5)の状態推定を逐次実行していくのが**カルマンフィルタの推定アルゴリズム**です．なお，式(4･5)において，(A，$\boldsymbol{b}$) が可制御で，($\boldsymbol{c}$，A) が可観測であれば，定常カルマンフィルタは漸近安定となることが知られていま

す．定常カルマンフィルタとは A，$\boldsymbol{b}$，$\boldsymbol{c}$ が定数の場合をいいます．

(3) システム制御のためのカルマンフィルタ

これまでは式(4•5)で示したような時系列データのフィルタリングという状態推定を述べました．一方，制御工学では制御入力 $u(k)$ が存在するシステムの状態推定を扱います．この場合は，次式のように記述されます．式(4•6)をブロック線図で示すと**図4.18**になります．

$$\boldsymbol{x}(k+1)=A\boldsymbol{x}(k)+\boldsymbol{b}_u u(k)+\boldsymbol{b}v(k)$$
$$y(k)=\boldsymbol{c}^T\boldsymbol{x}(k)+w(k) \tag{4•6}$$

式(4•5)と式(4•6)において，カルマンフィルタのアルゴリズムで異なる点は事前状態推定値の計算のみです．システム制御のためのカルマンフィルタのアルゴリズムをまとめると，時系列に対するカルマンフィルタと事前状態推定値の式を除いて，以下に示すように全く同じです．

・予測ステップ

事前状態推定値：$\hat{\boldsymbol{x}}^-(k)=A\hat{\boldsymbol{x}}(k-1)+\boldsymbol{b}_u u(k-1)$

事前誤差共分散行列：$P^-(k)=AP(k-1)A^T+\sigma_v{}^2\boldsymbol{b}\boldsymbol{b}^T$

・フィルタリングステップ

カルマンゲイン：$\boldsymbol{g}(k)=\dfrac{P^-(k)\boldsymbol{c}}{\boldsymbol{c}^TP^-(k)\boldsymbol{c}+\sigma_w{}^2}$

状態推定値：$\hat{\boldsymbol{x}}(k)=\hat{\boldsymbol{x}}^-(k)+\boldsymbol{g}(k)(y(k)-\boldsymbol{c}^T\hat{\boldsymbol{x}}^-(k))$

事後誤差共分散行列：$P(k)=(I-\boldsymbol{g}(k)\boldsymbol{c}^T)P^-(k)$

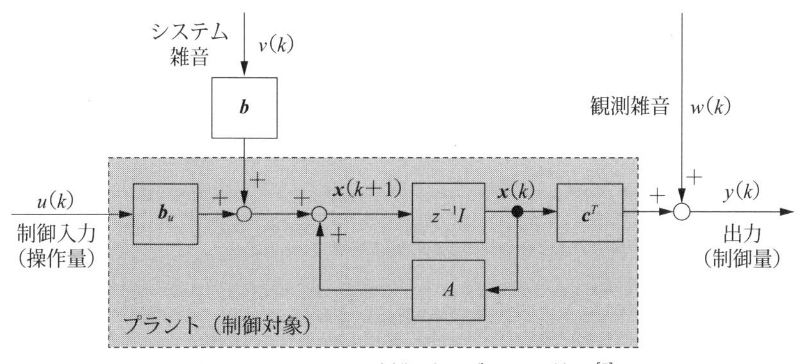

図4.18　システム制御系のブロック線図[5]

(4) 拡張カルマンフィルタ

拡張カルマンフィルタ（EKF：Extended Kalman Filter）は，式(4･3)や式(4･4)で示される非線形離散時間状態空間モデルを各時刻において線形化し，それぞれの時刻において時変カルマンフィルタを適用するという考え方に基づいています[5]．

$$\begin{aligned} \boldsymbol{x}(k+1) &= f(\boldsymbol{x}(k)) + \boldsymbol{b}v(k) \\ y(k) &= h(\boldsymbol{x}(k)) + w(k) \end{aligned} \tag{4･7}$$

時刻 k と $(k+1)$ において，それぞれ事前状態推定値 $\hat{\boldsymbol{x}}^{-}(k)$ と事後状態推定値 $\hat{\boldsymbol{x}}(k)$ が利用可能であるという仮定のもとで，式(4･7)の非線形関数をテイラー級数展開を用いて線形近似すると

$$\begin{aligned} f(\boldsymbol{x}(k)) &= f(\hat{\boldsymbol{x}}(k)) + \boldsymbol{A}(k)(\boldsymbol{x}(k) - \hat{\boldsymbol{x}}(k)) \\ h(\boldsymbol{x}(k)) &= h(\hat{\boldsymbol{x}}^{-}(k)) + \boldsymbol{c}^{T}(k)(\boldsymbol{x}(k) - \hat{\boldsymbol{x}}^{-}(k)) \end{aligned} \tag{4･8}$$

が得られます．ここで

$$\begin{aligned} \boldsymbol{A}(k) &= \left.\frac{\partial \boldsymbol{f}(x)}{\partial \boldsymbol{x}}\right|_{\boldsymbol{x}=\hat{\boldsymbol{x}}(k)} \\ \boldsymbol{c}^{T}(k) &= \left.\frac{\partial h(\boldsymbol{x})}{\partial x}\right|_{\boldsymbol{x}=\hat{\boldsymbol{x}}^{-}(k)} \end{aligned} \tag{4･9}$$

とおいています．一般に，$\boldsymbol{f}=[f_1 \quad f_2 \quad f_3]^{\mathrm{T}}$ であり，$\boldsymbol{x}=[x_1 \quad x_2 \quad x_3 \quad x_4]^{\mathrm{T}}$ であるとすれば，次式のようなヤコビアン行列となります．

$$\frac{\partial \boldsymbol{f}}{\partial \boldsymbol{x}} = \begin{bmatrix} \dfrac{\partial f_1}{\partial x_1} & \dfrac{\partial f_1}{\partial x_2} & \dfrac{\partial f_1}{\partial x_3} & \dfrac{\partial f_1}{\partial x_4} \\ \dfrac{\partial f_2}{\partial x_1} & \dfrac{\partial f_2}{\partial x_2} & \dfrac{\partial f_2}{\partial x_3} & \dfrac{\partial f_2}{\partial x_4} \\ \dfrac{\partial f_3}{\partial x_1} & \dfrac{\partial f_3}{\partial x_2} & \dfrac{\partial f_3}{\partial x_3} & \dfrac{\partial f_3}{\partial x_4} \end{bmatrix}$$

式(4･8)を式(4･7)に代入すると

$$\begin{aligned} \boldsymbol{x}(k+1) &= \boldsymbol{A}(k)\boldsymbol{x}(k) + \boldsymbol{b}v(k) + \boldsymbol{f}(\hat{\boldsymbol{x}}(k)) - \boldsymbol{A}(k)\hat{\boldsymbol{x}}(k) \\ y(k) &= \boldsymbol{c}^{T}(k)\boldsymbol{x}(k) + w(k) + h(\hat{\boldsymbol{x}}^{-}(k)) - \boldsymbol{c}^{T}(k)\hat{\boldsymbol{x}}^{-}(k) \end{aligned} \tag{4･10}$$

が得られます．いま，次式のように置き換えると

$$\boldsymbol{u}(k) = \boldsymbol{f}(\hat{\boldsymbol{x}}(k)) - \boldsymbol{A}(k)\hat{\boldsymbol{x}}(k)$$

$$z(k)=y(k)-h(\hat{x}^{-}(k))+c^{T}(k)\hat{x}^{-}(k) \tag{4•11}$$

式(4•10)は次式のようになります．

$$\boldsymbol{x}(k+1)=\boldsymbol{A}(k)\boldsymbol{x}(k)+\boldsymbol{b}v(k)+\boldsymbol{u}(k)$$
$$z(k)=\boldsymbol{c}^{T}(k)\boldsymbol{x}(k)+w(k) \tag{4•12}$$

式(4•12)は式(4•6)と同じ構造であり，システム制御のためのカルマンフィルタのアルゴリズムが使えます．

以上の説明を踏まえて，拡張カルマンフィルタの実用的な汎用アルゴリズムを，まとめて以下に示します[6]．

①非線形状態空間モデルの線形離散時間モデルの導出

非線形離散時間の状態方程式と出力方程式を，式(4•9)のテイラー級数展開により線形近似化した結果の式を以下の式(4•14)と仮定します．

$$\boldsymbol{x}_k=\boldsymbol{F}_{k-1}\boldsymbol{x}_{k-1}+\boldsymbol{G}_{k-1}\boldsymbol{u}_{k-1}+\boldsymbol{w}_{k-1}$$
$$\boldsymbol{y}_k=\boldsymbol{H}_k\boldsymbol{x}_k+\boldsymbol{v}_k$$
$$\boldsymbol{w}_k\sim(0,\boldsymbol{Q}_k)$$
$$\boldsymbol{v}_k\sim(0,\boldsymbol{R}_k)$$
$$E[\boldsymbol{w}_k\boldsymbol{w}_j^{T}]=\boldsymbol{Q}_k\delta_{k-j}$$
$$E[\boldsymbol{v}_k\boldsymbol{v}_j^{T}]=\boldsymbol{R}_k\delta_{k-j}$$
$$E[\boldsymbol{w}_k\boldsymbol{v}_j^{T}]=\boldsymbol{M}_k\delta_{k-j+1} \tag{4•14}$$

ここで，$\boldsymbol{Q}$ をシステムノイズの共分散行列，$\boldsymbol{R}$ を観測ノイズの共分散行列とします．

②カルマンフィルタの初期化を行います．

$$\hat{\boldsymbol{x}}_0^{+}=E(\boldsymbol{x}_0)$$
$$\boldsymbol{P}_0^{+}=E[(\boldsymbol{x}_0-\hat{\boldsymbol{x}}_0^{+})(\boldsymbol{x}_0-\hat{\boldsymbol{x}}_0^{+})^{T}] \tag{4•15}$$

③以下の式を各ステップ $k=1$，2，3……，ごとに計算していきます．

$$\boldsymbol{P}_k^{-}=\boldsymbol{F}_{k-1}\boldsymbol{P}_{k-1}^{+}\boldsymbol{F}_{k-1}^{T}+\boldsymbol{Q}_{k-1}$$
$$\boldsymbol{K}_k=(\boldsymbol{P}_k^{-}\boldsymbol{H}_k^{T}+\boldsymbol{M}_k)(\boldsymbol{H}_k\boldsymbol{P}_k^{-}\boldsymbol{H}_k^{T}+\boldsymbol{H}_k\boldsymbol{M}_k+\boldsymbol{M}_k^{T}\boldsymbol{H}_k^{T}+\boldsymbol{R}_k)^{-1}$$
$$=\boldsymbol{P}_k^{+}(\boldsymbol{H}_k^{T}+(\boldsymbol{P}_k^{-})^{-1}\boldsymbol{M}_k)(\boldsymbol{R}_k-\boldsymbol{M}_k^{T}(\boldsymbol{P}_k^{-})^{-1}\boldsymbol{M}_k)^{-1}$$
$$\hat{\boldsymbol{x}}_k^{-}=\boldsymbol{F}_{k-1}\hat{\boldsymbol{x}}_{k-1}^{+}+\boldsymbol{G}_{k-1}\boldsymbol{u}_{k-1}$$
$$\hat{\boldsymbol{x}}_k^{+}=\hat{\boldsymbol{x}}_k^{-}+\boldsymbol{K}_k(\boldsymbol{y}_k-\boldsymbol{H}_k\hat{\boldsymbol{x}}_k^{-})$$
$$\boldsymbol{P}_k^{+}=(\boldsymbol{I}-\boldsymbol{K}_k\boldsymbol{H}_k)\boldsymbol{P}_k^{-}(\boldsymbol{I}-\boldsymbol{K}_k\boldsymbol{H}_k)^{T}+\boldsymbol{K}_k(\boldsymbol{H}_k\boldsymbol{M}_k+\boldsymbol{M}_k^{T}\boldsymbol{H}_k^{T}+\boldsymbol{R}_k)\boldsymbol{K}_k^{T}-\boldsymbol{M}_k\boldsymbol{K}_k^{T}-\boldsymbol{K}_k\boldsymbol{M}_k^{T}$$

$$=[(\boldsymbol{P}_k^-)^{-1}+(\boldsymbol{H}_k^T+(\boldsymbol{P}_k^-)^{-1}\boldsymbol{M}_k)(\boldsymbol{R}_k-\boldsymbol{M}_k^T(\boldsymbol{P}_k^-)^{-1}\boldsymbol{M}_k)^{-1}$$
$$\times(\boldsymbol{H}_k+\boldsymbol{M}_k^T(\boldsymbol{P}_k^-)^{-1})]^{-1}$$
$$=\boldsymbol{P}_k^- - \boldsymbol{K}_k(\boldsymbol{H}_k\boldsymbol{P}_k^- + \boldsymbol{M}_k^T) \tag{4・16}$$

ここで一般に，システムノイズと観測ノイズは無相関であるため，$M_k=0$です．したがって，式(4・16)はかなり簡略化されて，式(4・17)になります．式(4・17)が一般によく知られた拡張カルマンフィルタ（EKF）のアルゴリズムです．

$$\begin{aligned}
&\boldsymbol{P}_k^- = \boldsymbol{F}_{k-1}\boldsymbol{P}_{k-1}^+\boldsymbol{F}_{k-1}^T + \boldsymbol{Q}_{k-1}\\
&\boldsymbol{K}_k = \boldsymbol{P}_k^-\boldsymbol{H}_k^T(\boldsymbol{H}_k\boldsymbol{P}_k^-\boldsymbol{H}_k^T+\boldsymbol{R}_k)^{-1}\\
&\hat{\boldsymbol{x}}_k^- = \boldsymbol{F}_{k-1}\hat{\boldsymbol{x}}_{k-1}^+ + \boldsymbol{G}_{k-1}\boldsymbol{u}_{k-1}\\
&\hat{\boldsymbol{x}}_k^+ = \hat{\boldsymbol{x}}_k^- + \boldsymbol{K}_k(\boldsymbol{y}_k - \boldsymbol{H}_k\hat{\boldsymbol{x}}_k^-)\\
&\boldsymbol{P}_k^+ = \boldsymbol{P}_k^- - \boldsymbol{K}_k\boldsymbol{H}_k\boldsymbol{P}_k^-
\end{aligned} \tag{4・17}$$

式(4・17)のEKFアルゴリズムは事前状態推定と事後状態推定を各ステップごとに繰り返していきます．アルゴリズムとしては2段階になります．第1段階は式(4・17)の最初の三つの式で，前のステップで得られた状態量から事前誤差共分散行列$\boldsymbol{P}_k^-$を使って，次のステップの事前推定値としての状態量$\hat{\boldsymbol{x}}_k^-$を予測します．第2ステップは式(4・17)の残り二つの式で，更新されたカルマンゲイン$\boldsymbol{K}_k$を利用して，事前状態推定値$\boldsymbol{P}_k^-$と観測値$\boldsymbol{y}_k$，事後誤差共分散行列$\boldsymbol{P}_k^+$を使って次のステップの状態変数$\hat{\boldsymbol{x}}_k^+$を推定していきます．

なお，観測量を事前状態推定で用いるか，事後状態推定で用いるかによって若干のアルゴリズムの修正がありますが，結果に大きな影響はありません[3]．

以上述べた姿勢推定アルゴリズムを計算するEKFアルゴリズムについて，オープンソースのソースコード[7]から確認してみましょう．EKFアルゴリズムは回転翼のみならず固定翼や地上移動ロボットのローバーにも適用できるEKFアルゴリズムとなっているため，汎用性を考慮して22個の状態変数を用いています．このため，オプティカルフローやレーザレンジファインダのアルゴリズムも包含しています．その状態とは，クォータニオン（4変数），地上固定座標系の機体位置（3変数），地上固定座標系の機体速度（3変数），機体座標系の姿勢角バイアス誤差（3変数），機体座標系の姿勢角速度バイアス誤差（3変数），地上固定座標系の磁界（3変数），機体座標系の磁界（3変数）の22変数です．式(4・3)では状態変数が13変数ですが，地上固定座標系の磁界3変数，機体座標系の磁界3変数，機体座標系の速度バイアス3変数の計9変数が追加されているために22変数となっています．なお，文献［7］のソースプログラムはオプティカルフローによる速度推定やレーザレンジファインダによる計測など高度な内容や汎用性のあるアルゴリズムを含んでいるため，多少煩雑になっていますが，不要な箇所は削除するかスキップしてください．

また，EKF2アルゴリズム[8]は状態変数ベクトルは24変数から成っており，EKFアルゴリズムを改良しています．大きな改良点は，クォータニオンを直接推定する代わりに，エラー回転ベクトルを推定し，慣性航法方程式からクォータニオンを補正する考え方です．これは，大きな角度の変化に対応して発生するクォータニオンの線形化に関連するエラーを回避するためで，大きな角度のエラーがある場合に適しています．また，計算時間の遅延に対する検討や数学的最適化のアプローチが検討されています．さらに，磁気干渉が発生する場合の問題に対処する考え方が追加されています．

さらに，EKF3[9]も登場しています．EKF3はIMU，対気速度センサ，気圧計，GNSS，磁気センサなどを冗長化させて，最適な組合せと必要に応じて切換えを行うなど，一層信頼性を高めるアルゴリズムの検討を試みています．

図4.19は姿勢方位基準装置であるAHRSの進化を示しています．拡張カルマンフィルタアルゴリズム（EKFアルゴリズム）はレートジャイロ，加速度，磁気方位，GNSS，飛行速度，気圧高度計に基づいて，三次元空間におけるドローンの位置，速度，姿勢角を正確に推定するために，ドローンの飛行には必須のアルゴリズムで極めて重要な役割をしています．単純な補完フィルタアルゴリズムである慣性航法（Inertial Navigation）に対して，EKFの利点は利用可能なすべての計測値をセンサフュージョンすることにより，重大なエラーのある計測値を適切

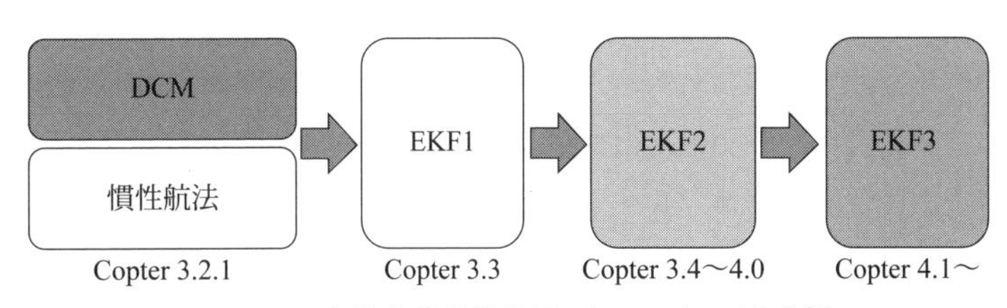

図4.19　姿勢方位基準装置（AHRS）の進化[9]

に排除できることです．これにより，ドローンは特定のセンサに影響を与える障害の影響を受けにくくすることができます．この結果，EKFを使用すると，オプティカルフローやレーザ距離計などのオプションのセンサを用いた計測値を使用したナビゲーションを信頼度高く支援することができます．

ArduPilotの最新の進化したバージョンは，図4.19のようにEKF3（Copter4.1～）です．バックグラウンドで実行されているDCM（Direct Cosine Matrix：方向余弦行列）を使用し，主要な姿勢および位置推定ソースとしてEKF3を使用しています．オートパイロットに二つ（またはそれ以上）のIMUが使用可能な場合，二つのEKF「コア」が並行して実行され，それぞれが異なるIMUを使用します．常に，単一のEKFコアからの出力のみが使用されます．そのコアは，センサデータの一貫性によって決定される最高の状態を報告するコアです．ほとんどのユーザはEKFパラメータを変更する必要はありませんが，以下の情報は，最も一般的に変更されるパラメータに関する情報を提供します．

一般的に，ユーザはEKF3を使用することをおすすめします．EKF3は現在デフォルトです．さらに，スペースの制限により，1 MBの自動操縦にはこのオプションしかありません．EKF3には，EKF2にはなかった，ビーコン，ホイールエンコーダ，視覚オドメトリなどの新しいセンサソースなどの多くの拡張機能が付加されています．詳細は文献[9]を参照してください．

ここで述べた姿勢推定アルゴリズム・EKFアルゴリズムのオープンソースプログラムのMatlabプログラムコードは，下記からアクセスしてください．4.4節の内容がプログラム上でも理解できます．

InertialNav/derivations/GenerateEquations22states.m[7]

プログラムの概略の流れですが，状態ベクトルの説明と単位の説明および状態ベクトルの定義，シンボリック変数の定義，状態方程式の定義，変数の再定義，出力方程式の定義，状態遷移行列（ヤコビアン行列）による線形化の定義，共分散行列の導出，状態誤差行列の導出，予見共分散行列の導出，位置と速度計測値による融合式の導出，対気速度計測値による融合式の導出，磁界計測値による融合式の導出，オプティカルフロー計測値による融合式の導出，レーザレンジファインダ計測値による融合式の導出，カルマンゲインと最適化の計算，上下方向機体加速度の融合式の導出，磁界変動計測値の融合式の導出，推定された状態変数の確定とデータ保存となっています．

4.5 Pixhawk と ArduPilot で用いられている FC の PID 制御

クワッドロータを含むマルチコプタは不安定系であるために，制御系によって安定化することが必要です．図 4.20 はマルチコプタのフィードバック制御系を示しています．

図 4.20 に示すように，プラントの部分がクワッドロータ系を示しています．この部分に SAS（Stability Augmentation System）というレートジャイロフィードバック系による安定化制御を行います．このレートジャイロフィードバック系を付加することによって，人のマニュアル操縦による飛行が可能となります．

Pixhawk や ArduPilot のオープンソースでは，図 4.20 の $G_c(s)$ として，図 4.21（a）のように制御器 $G_c(s)$を，PD 制御として付加します．このとき

$$G_c(s)=K_p+K_D s$$

とすると，図 4.21（a）の閉ループ伝達関数は

$$\frac{Y}{R}=\frac{(K_P+K_D s)G_P}{1+(K_P+K_D s)G_P}$$

となります．結果的に閉ループ系の極は K_P と K_D の値を調整することにより決めることができます．ただ，分子の構造から零点 $s=-K_P/K_D$ が生じることがわかり，この零点は大きなオーバシュートの原因になります．このため，図 4.21

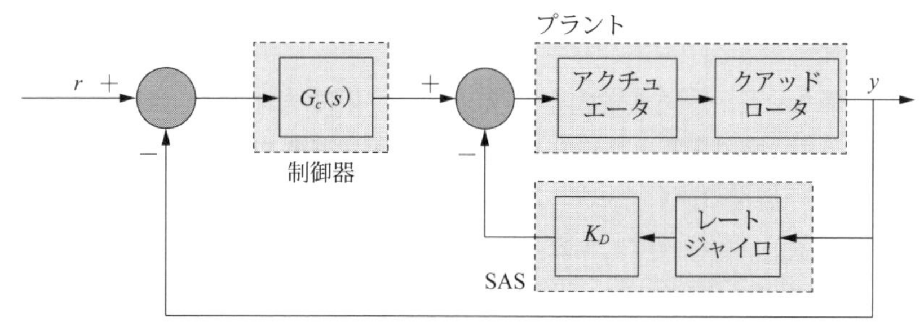

図 4.20　クワッドロータのフィードバック制御系による安定化[4]

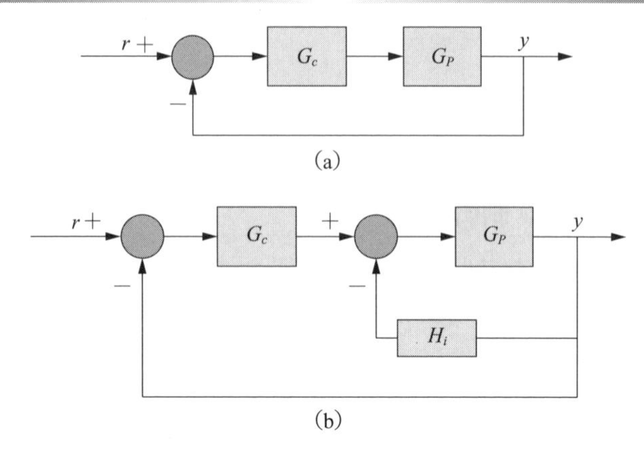

図4.21　PixhawkやArduPilotのオープンソースによるフィードバック制御器

(b) のようにフィードバック制御系を構成します．このとき，閉ループ伝達関数は

$$\frac{Y}{R}=\frac{K_P G_P}{1+(K_P+K_D s)G_P}$$

となり，零点をなくすことができます．ただし，$G_c=K_P$，$H_i=K_D s$ です．また，図4.21 (b) のように微分動作は観測量にのみ動作するような制御系を**微分先行型PD制御**と呼びます．なお，微分先行型PD制御における定常偏差をなくすために，積分動作のI制御を追加したPID制御にすることが一般的です．このような微分先行型PID制御を通常のPID制御と区別して，**PI-D制御**と呼びます[10]．

また，PixhawkやArduPilotではアンチワインドアップの制御系が実装されています．これはモータなどアクチュエータには出力限界値に達すると出力飽和が発生します．**アンチワインドアップ制御**とはこうした飽和現象を考慮した制御器設計法です．

PID制御系やアンチワインドアップ制御系についてソースコードから確認してみましょう[9]．**図4.22**は姿勢角P制御から姿勢角速度PID制御，そして，モータ出力までの信号の流れを示しています．Pコントローラはロール，ピッチ，ヨーの角度誤差（目標角度と実際の角度の差）を目的の角度になるように修正動作を行います．続いてPIDコントローラが角速度誤差を目的の角速度に達するように修正動作をする制御器となります．

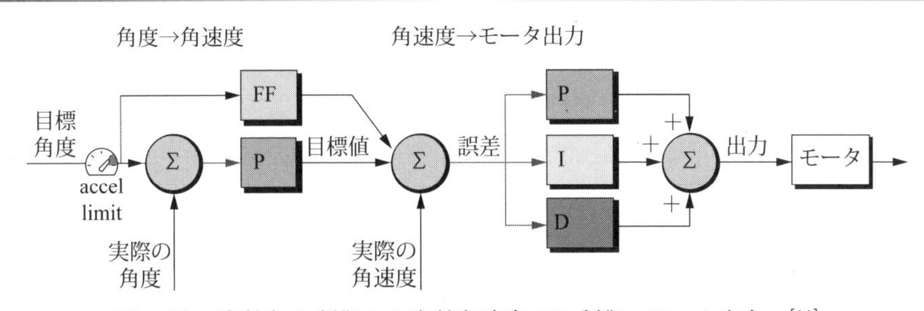

図 4.22　姿勢角 P 制御から姿勢角速度 PID 制御，モータ出力へ[11]

図 4.23 と**図 4.24** は一つの図ですが，紙面の関係で二つの図に分割して示しています．図 4.23 と図 4.24 は，図 4.22 の概念を具体的なソフトウェアの工程として示したもので，内容は図 4.22 と同じです．

図 4.23，図 4.24 に記載されているブロック線図はソフトウェアのソースコードを書き上げていくフローチャートのような内容となっています．各ブロックごとの役割を明記すると次の**図 4.25** になります．図 4.25 では，まず，操縦者が動かしたプロポのスティック位置が指令目標値となります．このプロポは角速度指令値に変換されます．これらを角速度ベクトル表示とします．それらを積分して角

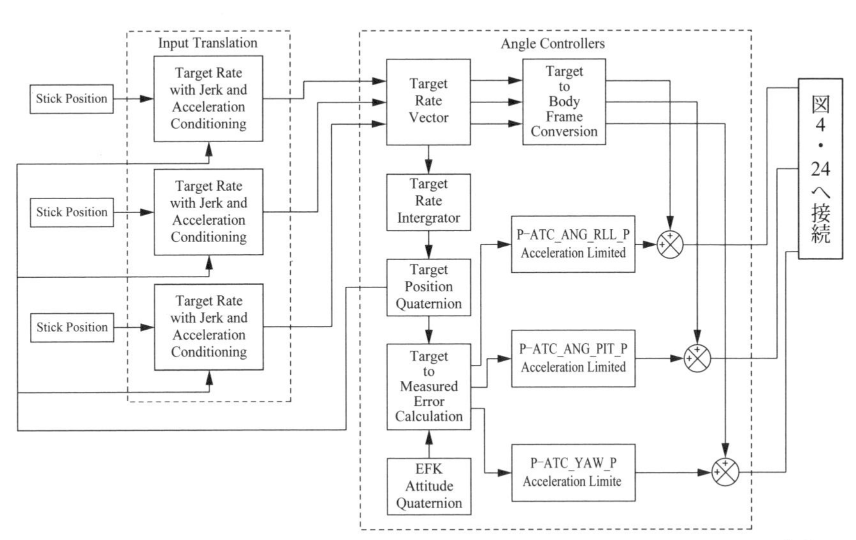

図 4.23　ArduCopter V4.X によるロール，ピッチ，ヨーの PID 姿勢角制御[11]

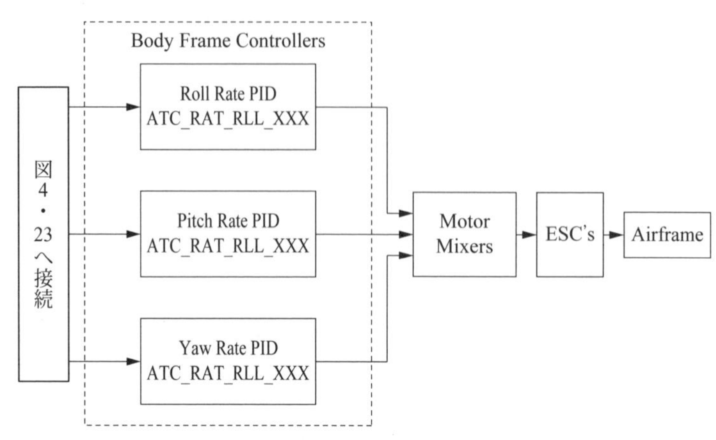

図 4.24　ArduCopter V4.X によるロール，ピッチ，ヨーの PID 姿勢角速度制御[11]

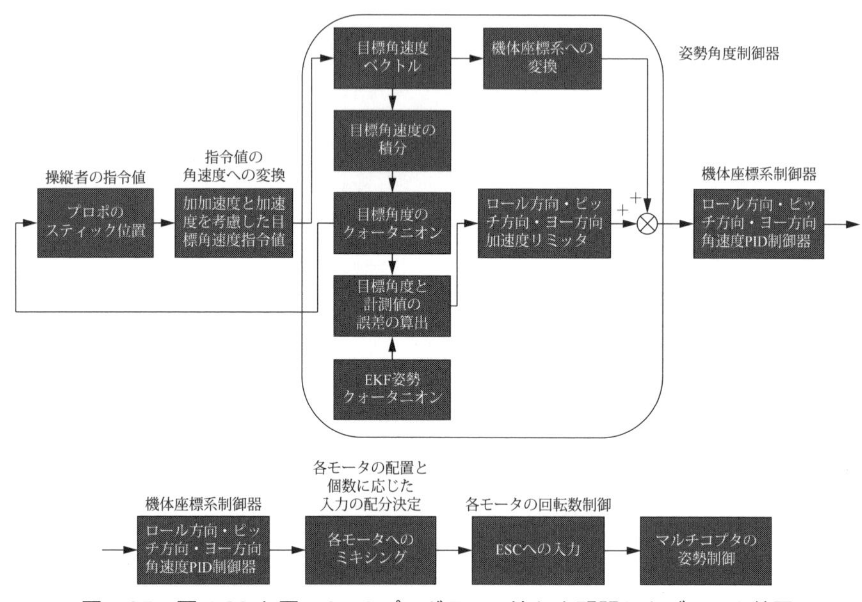

図 4.25　図 4.23 と図 4.24 のプログラムの流れを明記したブロック線図

度を得ますが，この場合はオイラー角ではなく四元数のクウォータニオンとなります．指令目標値と実計測値の誤差を算出して，各角加速度リミッタを考慮して機体座標系での PID 制御による角速度制御を行いますが，その際，モータの配置や個数による制御入力の分配を行います．これを**ミキシング**と呼びます．クワッドロータの場合は，エルロン，エレベータ，ラダー，スロットルの 4 入力に対してモータが 4 個であるため，ミキシング行列は正方行列となり 1 対 1 に対応した解が得られます．しかし，ヘキサロータの場合は 4 入力に対して 6 個のモータがあるため，ミキシング行列は長方形となり冗長となります．この場合は，疑似逆行列などの方法を用いて，冗長モータへの近似的な入力配分を行います．この方法については文献［3］を参照してください．このように確定した制御入力を PWM 信号にして ESC へ印加することで，マルチコプタの姿勢制御が行われます．

図 4.26 は図 4.25 で解説した姿勢角 P 制御から姿勢角速度 PID 制御，モータ出力へのソースコードを示しています．図 4.26 の各ファイル名をネット検索するとソースコードを見ることができます．

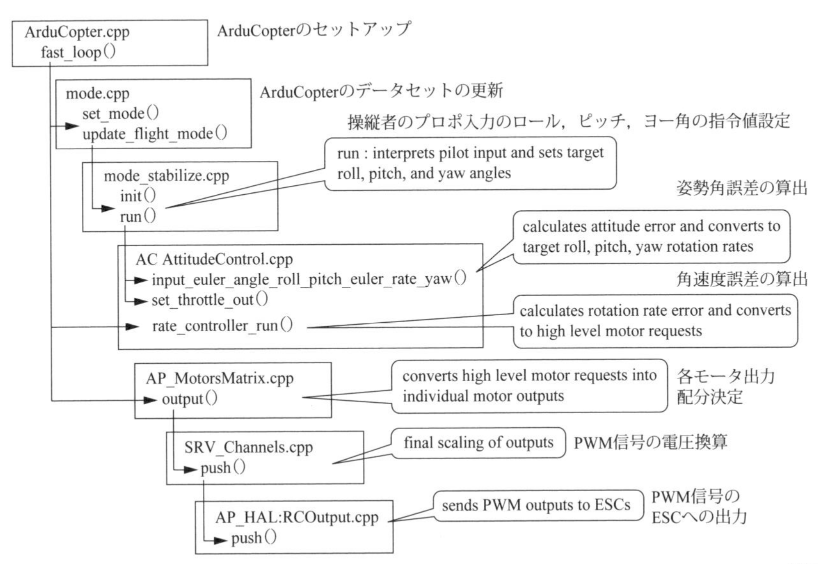

図 4.26　姿勢角 P 制御から姿勢角速度 PID 制御，モータ出力へのソースコード[11]

【参考文献】

[1] E. Ebeid, M. Skriver, J. Jin: "A Survey on Open-Source Flight Control Platforms of Unmanned Aerial Vehicle", 2017 Euromicro Conference on Digital System Design, 2017 IEEE DOI 10.1109/DSD.2017.30

[2] https://docs.px4.io/v1.12/en/flight_controller/pixhawk4_mini.html

[3] 野波：ドローン工学入門 －モデリングから制御まで－，コロナ社（2020）

[4] H. Lim, J. Park, D. Lee, H. J. Kim: "Build Your Own Quadrotor", IEEE ROBOTICS & AUTOMATION MAGAZIN, September（2012）

[5] 足立，丸田：カルマンフィルタの基礎，東京電機大学出版局（2012）

[6] D. Simon: Optimal State Estimation – Kalman, H_∞, and Nonlinear Approaches –: WILEY-INTERSCIENCE（2006）

[7] https://github.com/priseborough/InertialNav/blob/master/derivations/GenerateEquations22states.m

[8] https://github.com/priseborough/InertialNav/blob/master/derivations/RotationVectorAttitudeParameterisation/GenerateNavFilterEquations.m

[9] https://ardupilot.org/copter/docs/common-apm-navigation-extended-kalman-filter-overview.html

[10] 須田：PID 制御，朝倉書店（1992）

[11] https://ardupilot.org/dev/docs/apmcopter-programming-attitude-control-2.html

5章 開発環境構築とファームウェアの書込み

～ドローンの頭脳部をつくる準備～

オープンソースフライトコントローラ ArduPilot の開発環境では，ファームウェアの開発や FC への書込みができます．ここでは仮想マシン環境 VMware Workstation Player を使って Windows 上に Linux（Ubuntu）を用意し，そこに ArduPilot の開発環境を構築する例を紹介します．また，この開発環境を使ってマルチコプタ用のファームウェア ArduCopter をビルドして Pixhawk 4 に書き込む方法を紹介します．

5.1 VMware Workstation Player の準備

図 5.1 に本章の作業工程を示します．本節で行う VMware Workstation Player の準備は図 5.2 でハイライトした部分にあたります．

VMware Workstation Player（口絵⑧）は，Windows または Linux PC 上で 1 台の仮想マシンを実行できるソフトウェアです．Workstation Player は，商用以外での利用および個人利用の場合は，無償バージョンが利用できます．無償バージョンは，生徒や学生，非営利組織でも利用できます．

VMware Workstation Player のインストーラーは次の URL からダウンロードができます．

https://www.vmware.com/jp/products/workstation-player.html

この URL にある「今すぐダウンロード」をクリックすると，英語で書かれたダウンロードページに移動します．2022 年 5 月 7 日時点では，version16.2.3 がダウンロードできます（口絵⑨）．移動したページの下にダウンロードのページがリンクされています．

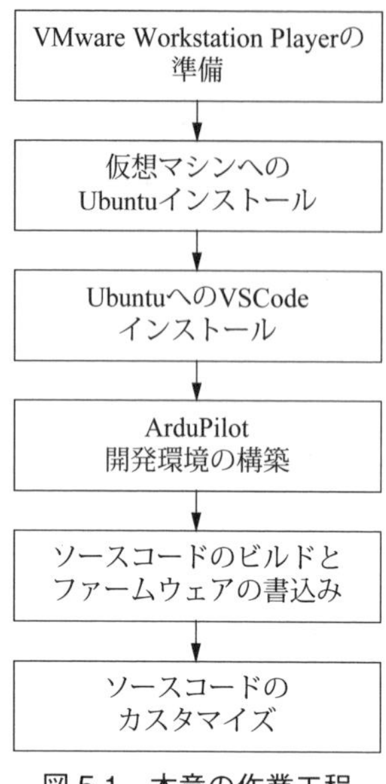

図 5.1　本章の作業工程

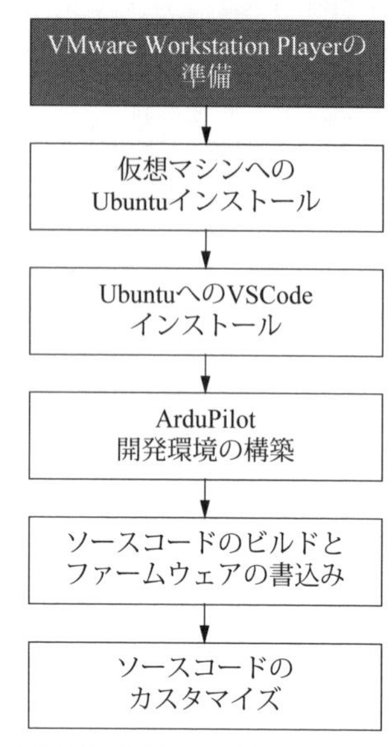

図 5.2　VMware Workstation Player の準備

Windows版とLinux版へのリンクがありますので，PCにあわせてダウンロードします．

ダウンロードしたらインストーラーを実行します．インストーラの表示に従い，作業を行っていきます．インストーラーが終了すると，VMware Workstation Playerの設定画面が起動します．使用形態が聞かれますので，「無償使用」を選び続行をクリックします．完了ボタンをクリックすると，VMware Workstation Playerが起動します（図5.3）．起動後，VMware Workstation Playerをいったん終了します．

5.2　仮想マシンへの Linux（Ubuntu）のインストール

次に，VMware Workstation Playerで動作する仮想マシンにLinux（Ubuntu）をインストールします．これは図5.4でハイライトした部分にあたります．

まず，インストールするUbuntuのISOイメージファイルをダウンロードしま

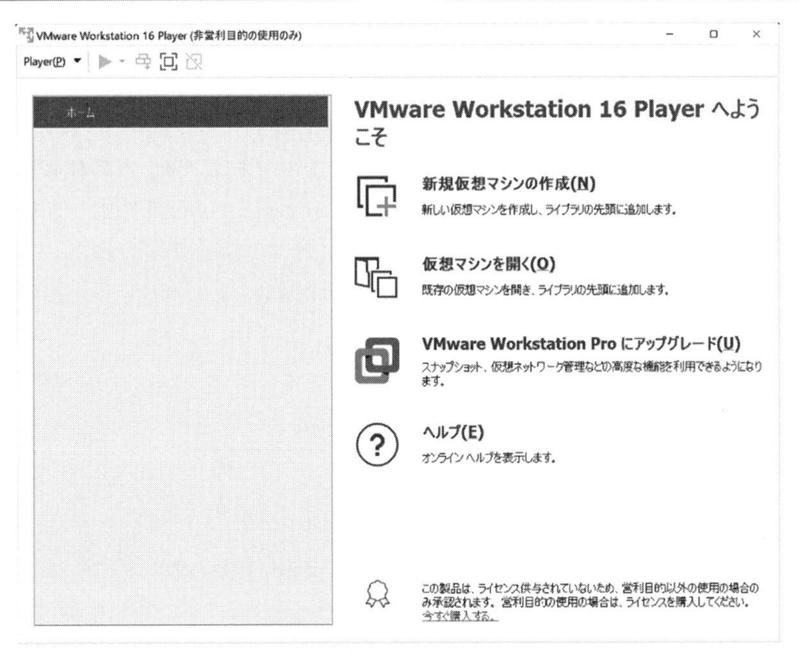

図 5.3　VMware Workstation Player の起動時表示

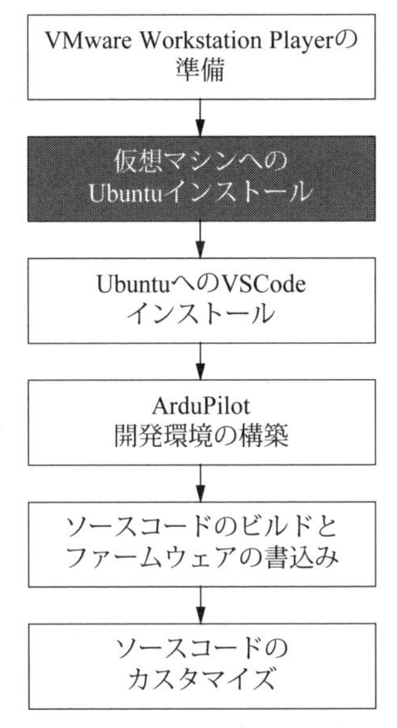

図 5.4　仮想マシンへの Linux（Ubuntu）のインストール

す．https://jp.ubuntu.com/download から，Ubuntu Desktop をダウンロードします（図 5.5）．2021 年 7 月 12 日時点では，20.04.2.0 LTS をダウンロードしました．2022 年 5 月 7 日時点では，22.04 LTS になっています．

ダウンロードボタンを押すと，イメージファイルがダウンロードされます．

次に，仮想マシンを用意します．VMware Workstation Player を起動します（図 5.6）．

起動時表示の右側にある「新規仮想マシンの作成（N)」をクリックします．すると，図 5.7 のダイアログが表示されます．

真ん中の「インストーラディスクイメージファイル（M）(iso)：」を選び，参照ボタンをクリックしてダウンロードした Ubuntu のイメージファイルを選択し（図 5.8），「次へ」をクリックします（図 5.9）．すると簡易インストールが開始

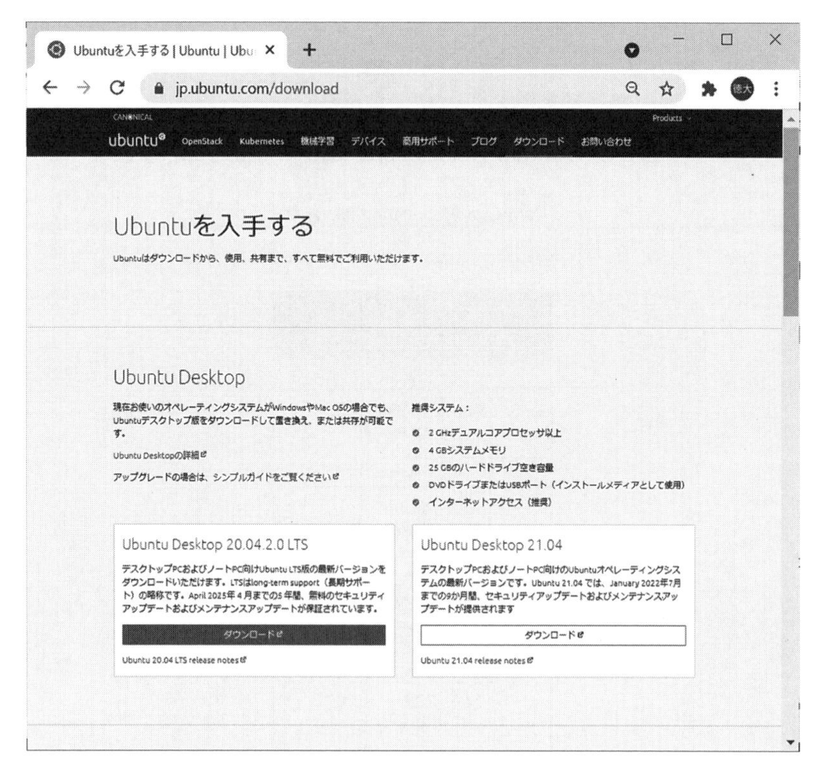

図 5.5　Ubuntu のダウンロードページ（口絵⑩）

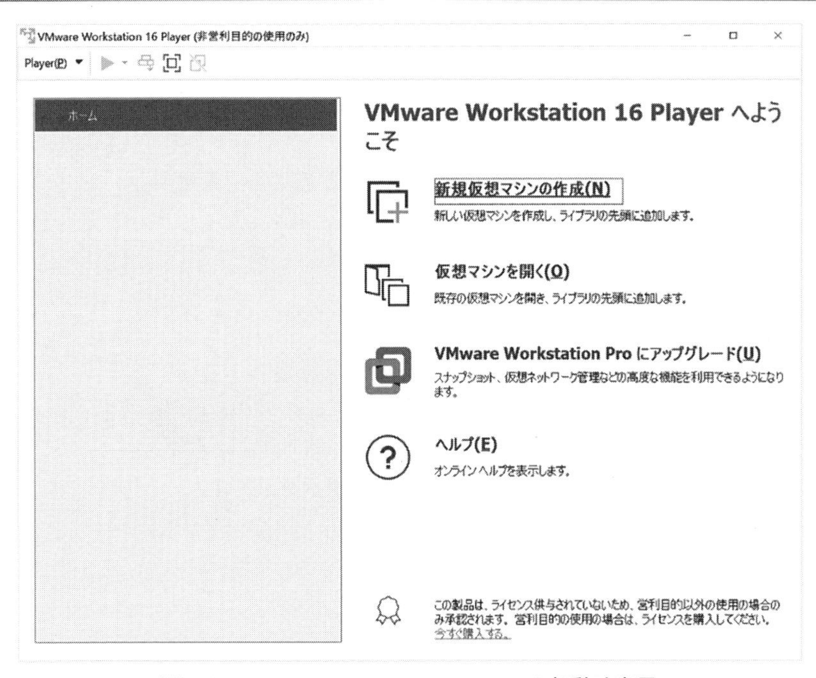

図 5.6　VMware Workstation Player の起動時表示

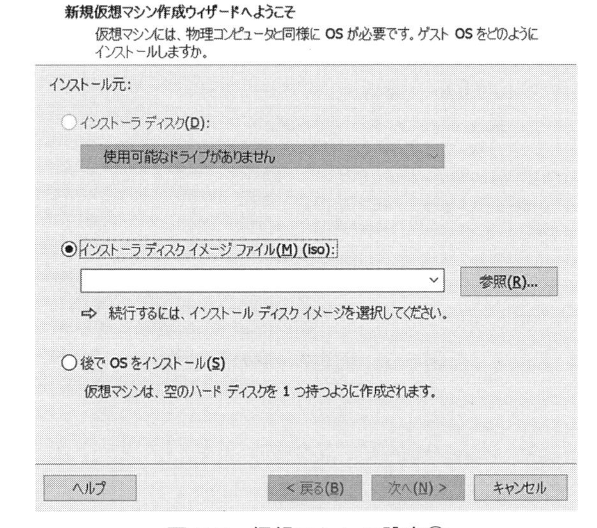

図 5.7　仮想マシンの設定①

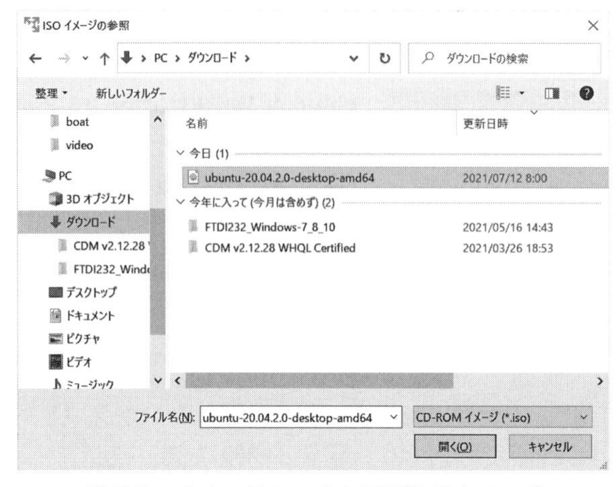

図 5.8　イメージファイルの選択ダイアログ

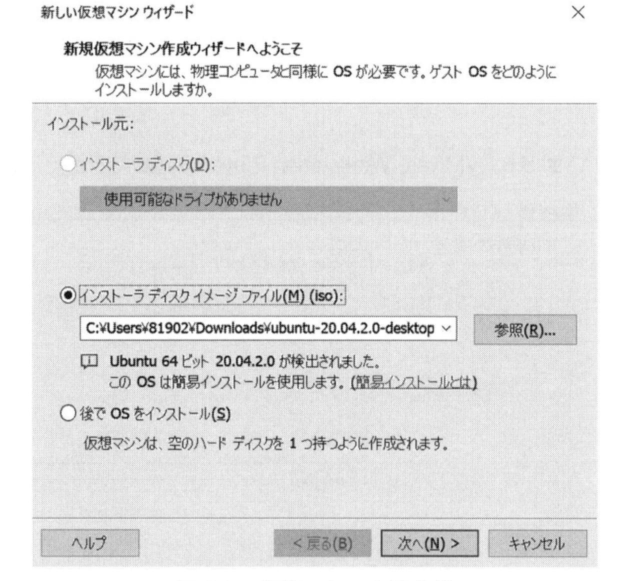

図 5.9　仮想マシンの設定②

します．Linux のパーソナライズで，ユーザー名とパスワードを入力します．ここではユーザー名を ubuntu としました（図 5.10）．

次に仮想マシン名を入力します（図 5.11）．ここはそのままにしました．

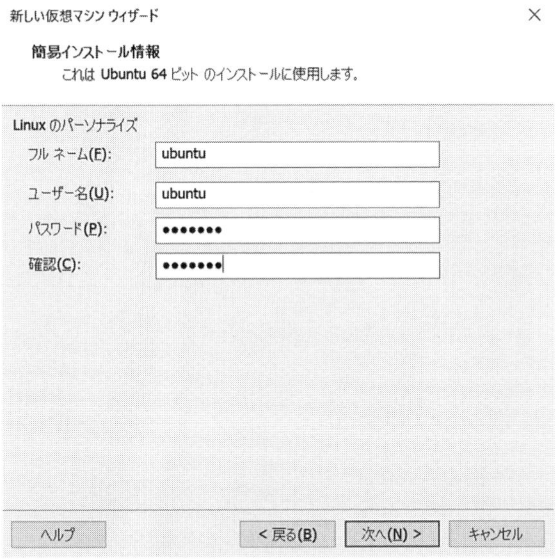

新しい仮想マシン ウィザード

簡易インストール情報

これは Ubuntu 64 ビット のインストールに使用します。

Linux のパーソナライズ

フル ネーム(F): ubuntu

ユーザー名(U): ubuntu

パスワード(P): •••••••

確認(C): •••••••

ヘルプ　< 戻る(B)　次へ(N) >　キャンセル

図 5.10　仮想マシンの設定③

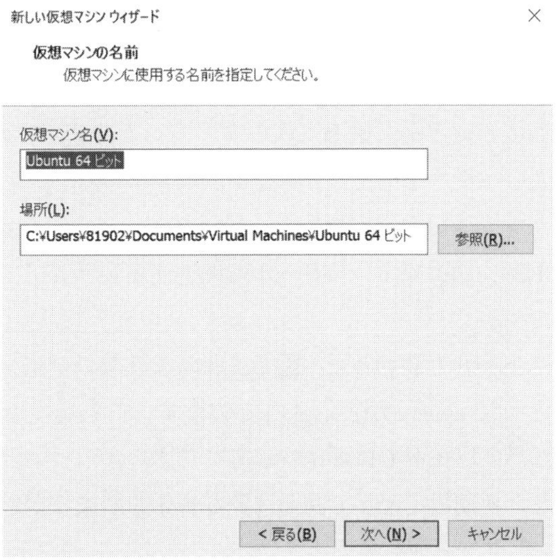

新しい仮想マシン ウィザード

仮想マシンの名前

仮想マシンに使用する名前を指定してください。

仮想マシン名(V):

Ubuntu 64 ビット

場所(L):

C:¥Users¥81902¥Documents¥Virtual Machines¥Ubuntu 64 ビット　参照(R)...

< 戻る(B)　次へ(N) >　キャンセル

図 5.11　仮想マシンの設定④

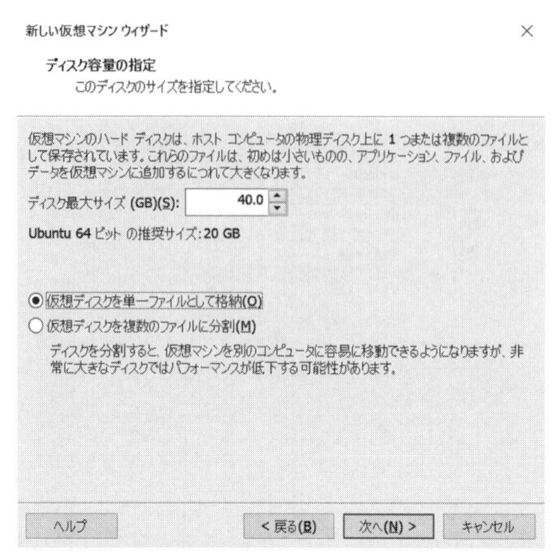

図 5.12　仮想マシンの設定⑤

次に，ディスク容量の指定をします（図 5.12）．ここでは，推奨サイズの 2 倍，40 GB にしました．

ディスク容量を指定すると，仮想マシンを作成する準備は完了です（図 5.13）．「完了」ボタンを押して，作成を開始します．

仮想マシンの作成が終了後，図 5.14 のダイアログが表示されます．「ダウンロードしてインストール」を選んでください．

ここまでで仮想マシンの設定が終わり，続けて Ubuntu のインストールが開始されます（図 5.15）．途中でインストールに関連する質問がでてきますので，回答してください．

Ubuntu のインストールが終わると，図 5.16 のようなログイン待機が表示されます．ユーザーとして ubuntu が表示されています．これをマウスでクリックして，先に設定したパスワードでログインしてください．

ログインすると，初期設定として図 5.17 が表示されますが，Skip します．右上にある「Skip」ボタンを押してください．

次に，Livepatch の設定を要求されます（図 5.18）．どちらかを選んで，「Next」を押してください．

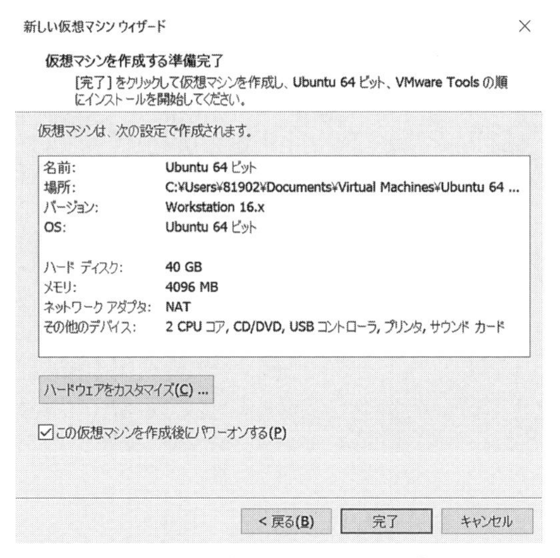

図 5.13　仮想マシンの設定⑥

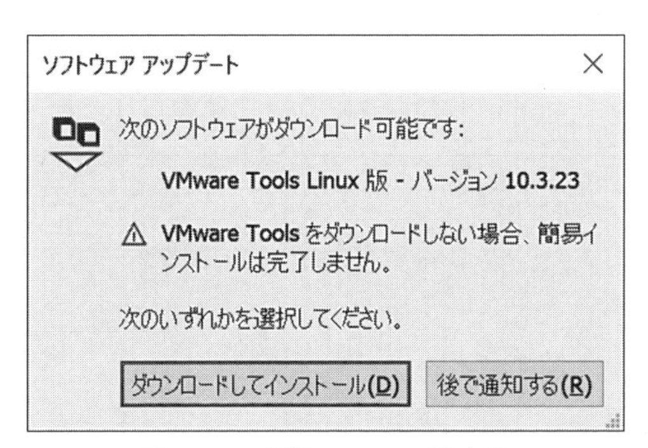

図 5.14　仮想マシンの設定⑦

次に，Help improve Ubuntu の設定が求められます（図 5.19）．これもどちらかを選んで「Next」をクリックします．

次に Privacy 設定になります（図 5.20）．これもどちらかを選択して「Next」をクリックします．

最後に“Ready to go”が表示されるので（図 5.21），「Done」をクリックします．

図 5.15　Ubuntu のインストール

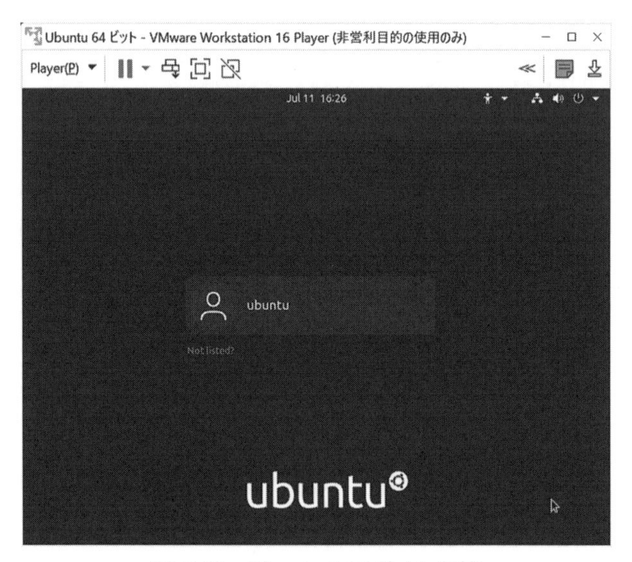

図 5.16　Ubuntu のログイン待機

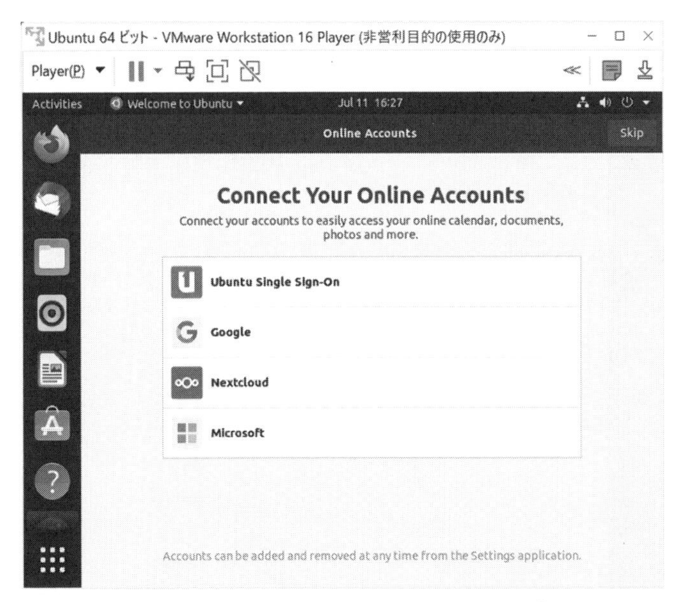

図 5.17　Ubuntu の Online Accounts 設定

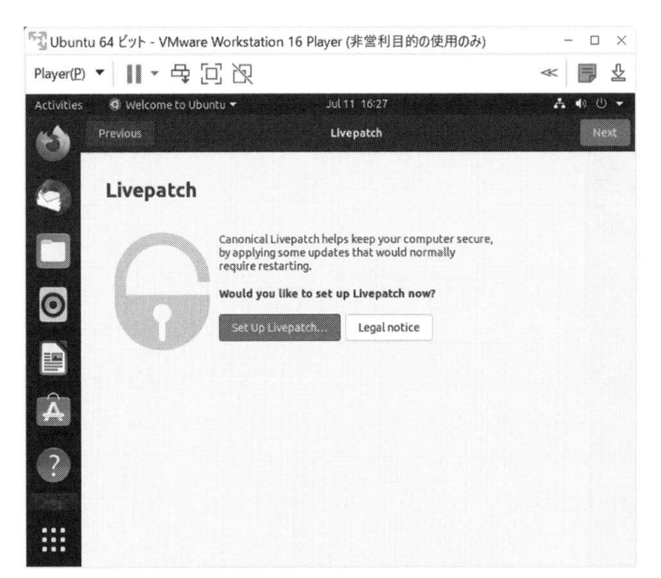

図 5.18　Ubuntu の Livepatch 設定

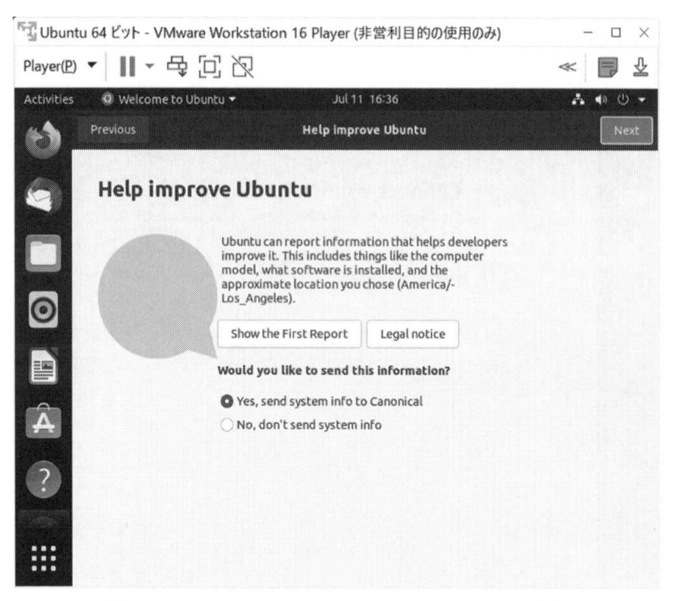

図 5.19　Ubuntu の Help improve Ubuntu 設定

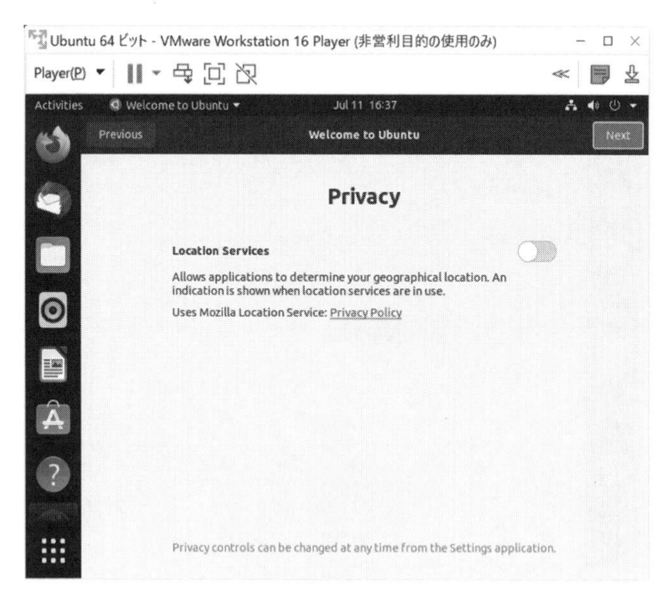

図 5.20　Ubuntu の Privacy 設定

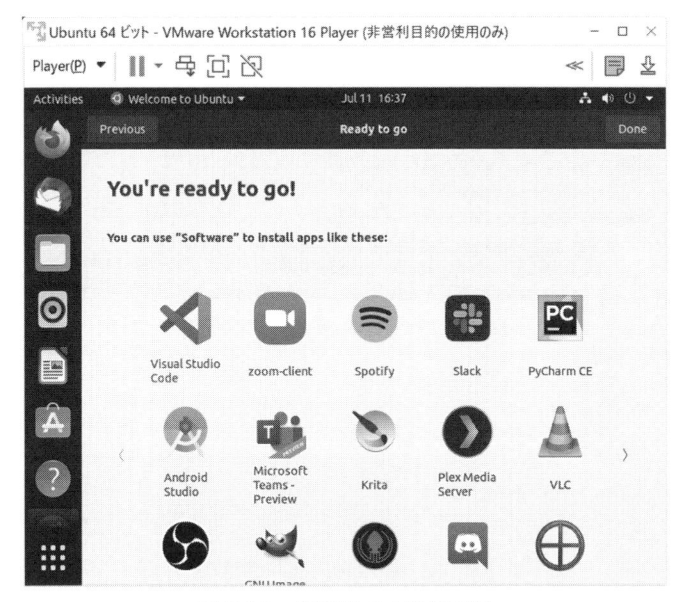

図 5.21　初期設定の最終画面

「Done」をクリックすると，Ubuntu のデスクトップ上で Software Updater が起動します（図 5.22）.「Install Now」をクリックして，インストールします．Ubuntu のパスワードが求められるので，入力します．Software Updater によるインストールが終わると，リスタートが求められます．Ubuntu のデスクトップの上部右上にある電源ボタンから再起動を選びます．以上で，仮想マシン上の Ubuntu の準備ができました.

5.3　Ubuntu への Visual Studio Code のインストール

ArduPilot のファームウェアの開発環境として，Microsoft の Visual Studio Code（VSCode）をインストールします．これは図 5.23 でハイライトした部分にあたります．まず，Ubuntu の左にある縦のメニューバーから，Ubuntu Software を起動します（図 5.24）.

検索の虫眼鏡のボタンを押して表示されるボックスに「VSCode」と入れて検

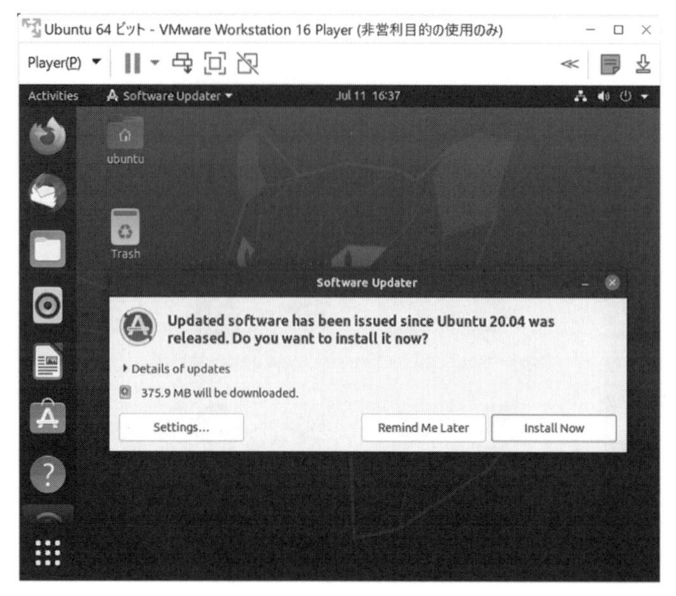

図 5.22　Software Updater

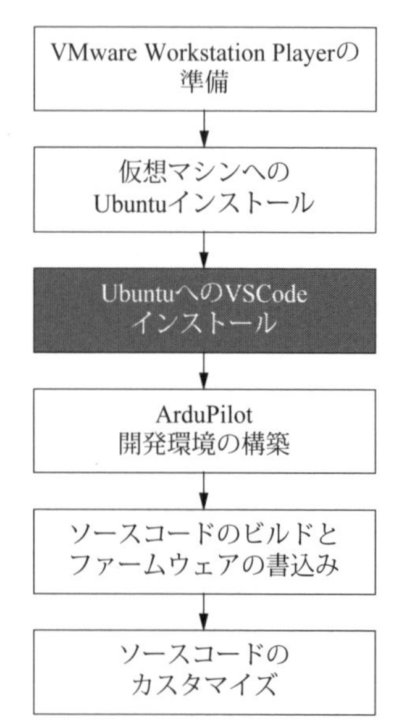

図 5.23　UbuntuへのVisual Studio Code インストール

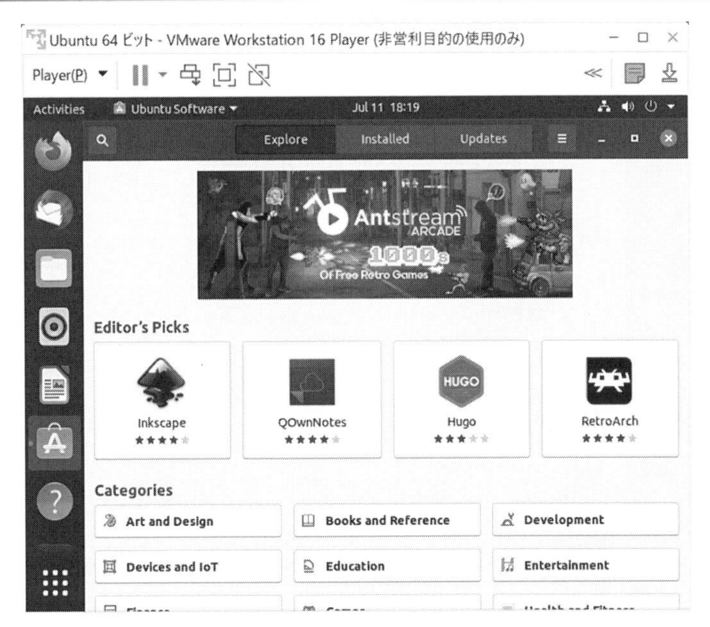

図 5.24 Ubuntu Software の起動

索し（図 5.25），出てきた「Visual Studio Code」をクリックしてインストールします（図 5.26）．

インストールが終わったら，アプリケーションの検索から VSCode をみつけ，メニューバーに登録しておきます（図 5.27）．

そのほかに，ブラウザとして Chrome をインストールしておくと便利です．

5.4 ArduPilot 開発環境の構築

それでは，Ubuntu 内に ArduPilot の開発環境を構築していきます．これは図 5.28 でハイライトした部分にあたります．最初に ArduPilot のソースコードをインストールします．手順は以下のようになります．Ubuntu 内の Chrome などのブラウザで https://ardupilot.org/dev/docs/building-setup-linux.html を開き，そこの記述に従ってインストールを行います（図 5.29）．

ArduPilot ではソースコードの管理に Git を使用しています．Git とは，プログラ

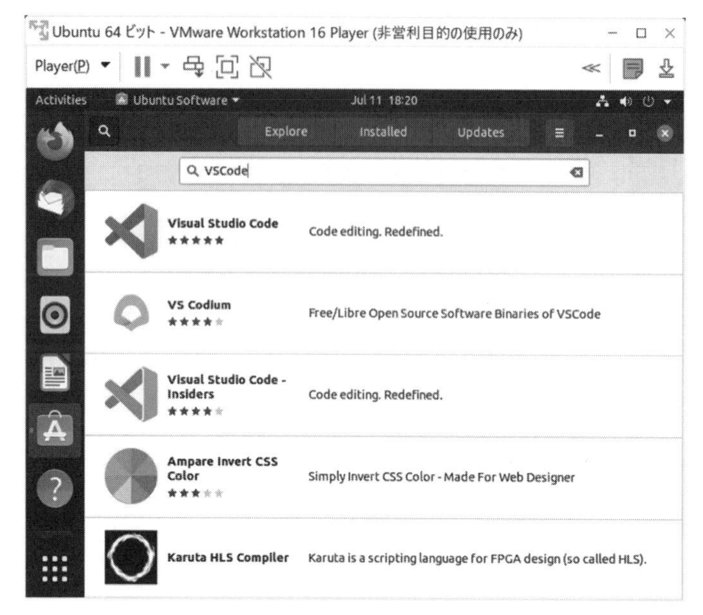

図 5.25　VSCode の検索

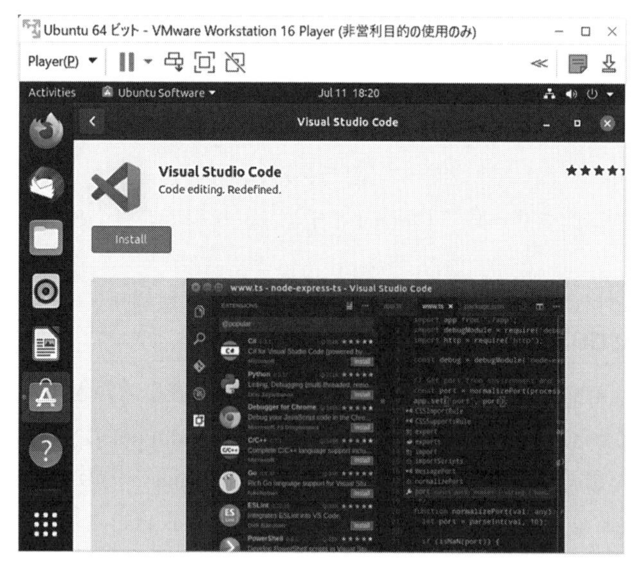

図 5.26　VSCode のインストール（口絵⑫）

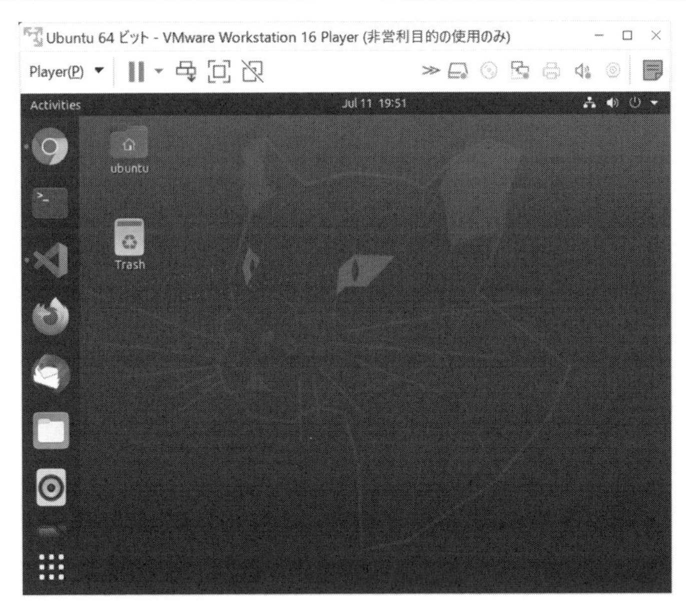

図 5.27　メニューバーに登録した VSCode

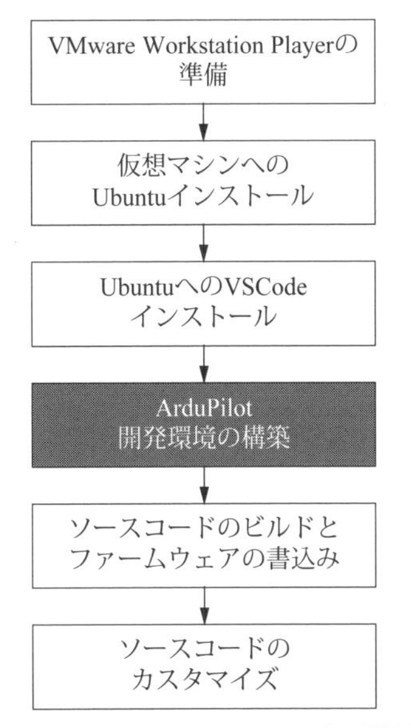

図 5.28　ArduPilot 開発環境の構築

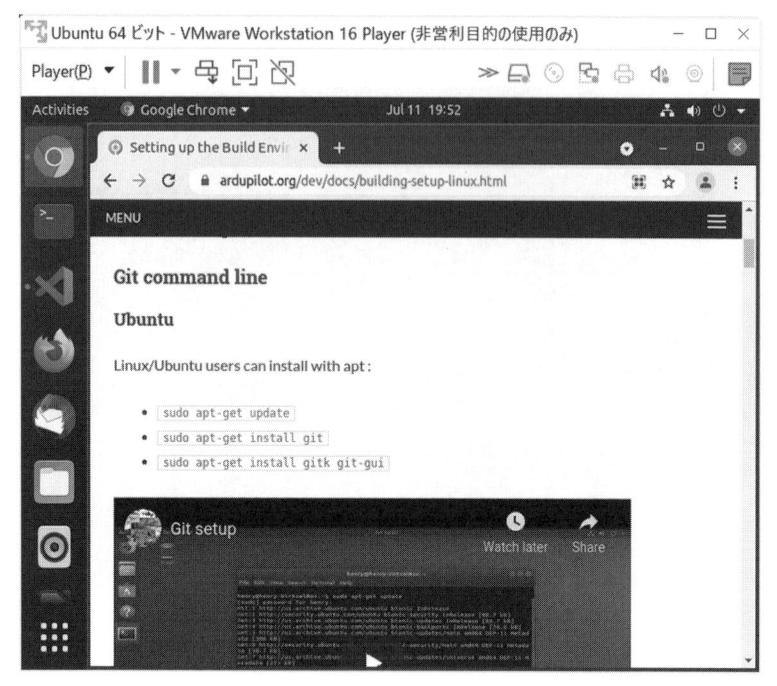

図 5.29　ArduPilot の Linux へのインストールガイドページ

ムのソースコードなどの変更履歴を記録・追跡するための分散型バージョン管理システムです．Git を使うことで，原本のソースコードが入ったリポジトリ（ファイルやディレクトリの状態を記録する場所）から最新のソースコードや以前のバージョンのソースコードのダウンロードや，カスタマイズしたソースコードの管理ができます．詳しくはこちらのサイトをご覧ください．

https://git-scm.com/book/ja/v2

では，Git をインストールします．

VSCode を起動し，VSCode のターミナルで以下のコマンドを実行していきます（図 5.30～図 5.32）．

```
sudo apt-get update
sudo apt-get install git
sudo apt-get install gitk git-gui
```

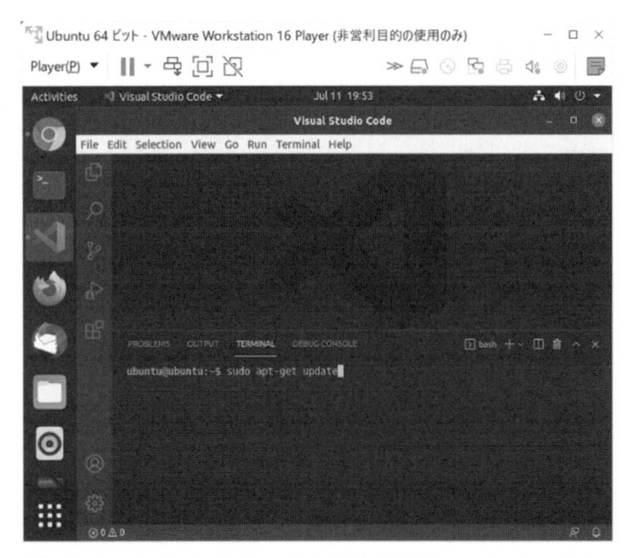

図 5.30　VSCode のターミナルでの操作　apt-get update

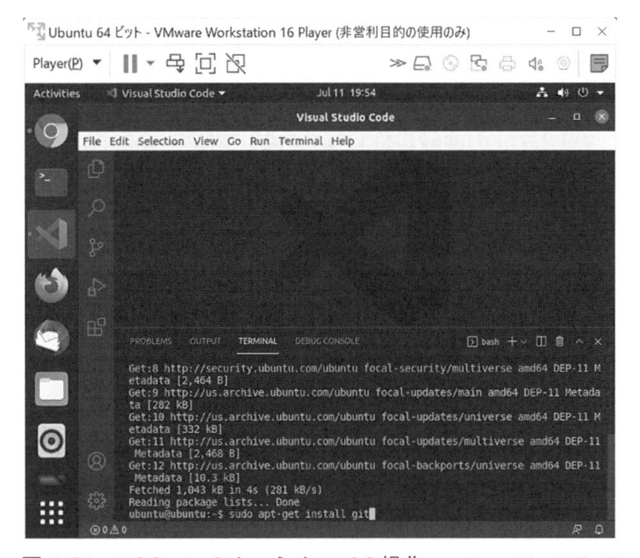

図 5.31　VSCode のターミナルでの操作　apt-get install git

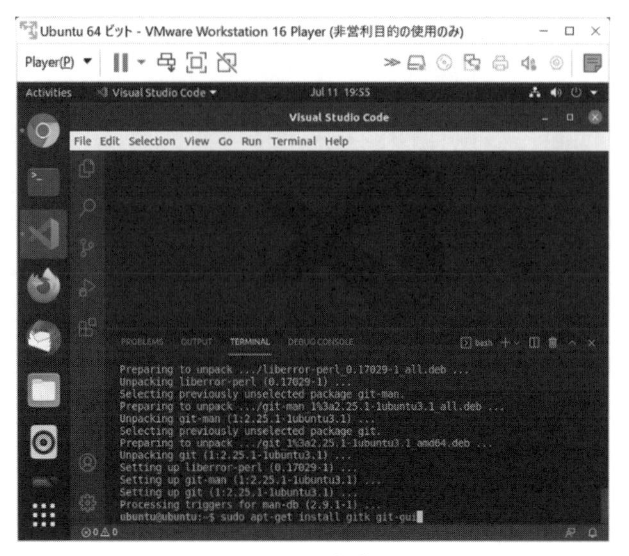

図 5.32　VSCode のターミナルでの操作　apt-get install gitk git-gui

「sudo」コマンドで実行するため，パスワードが尋ねられます．ユーザー（この例では ubuntu）のパスワードを入れてください．また，途中で継続するか，尋ねてくる場合があります．そのときは画面の表示に従って継続してください．

ここまででツール Git の準備が終わりました．次に，ArduPilot のソースコードをダウンロードします．

ArduPilot では，ソースコードは GitHub で管理されています．GitHub は，Git で使用するリポジトリを管理する Web サービスです．GitHub に作成されたリポジトリは基本的にすべて公開されます．指定したユーザーのみがアクセスできる有料サービスもあります．

https://github.co.jp/

同様のサービスに Bitbucket があります．こちらはプライベートリポジトリを無料で使用することができます．

https://bitbucket.org/

GitHub で個人のユーザーアカウントを作り，そこに ArduPilot のソースを複製（クローン）し，ソースコードを利用するには，GitHub に個人のユーザーアカウントを設定し，そこに ArduPilot のソースコードを GitHub の fork コマンドで複製

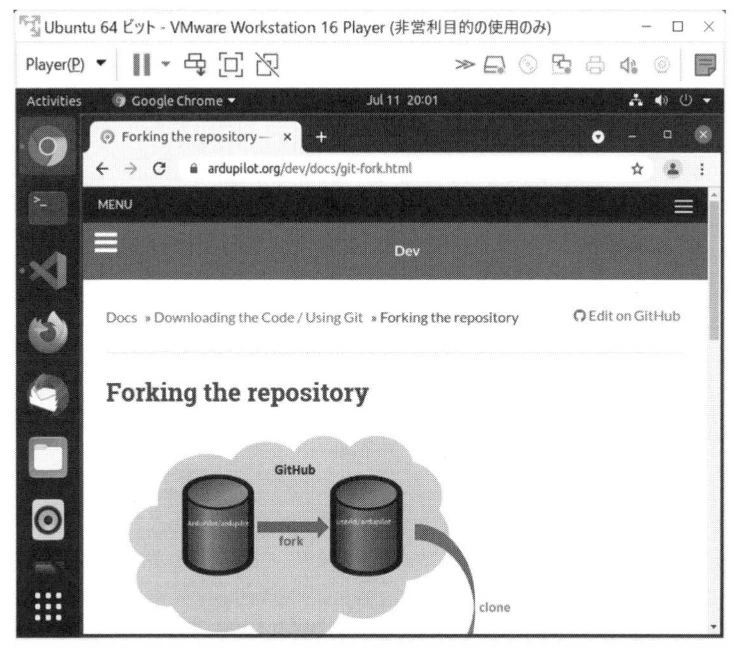

図 5.33　ソースコードとリポジトリについての説明ページ

（クローン）を作り，さらにそれを PC 上にダウンロードして使います（図 5.33）．その方法について説明します．

作業は以下の手順で行います．

・GitHub で無料のユーザーアカウントをサインアップする
・GitHub にサインイン
・github.com/ArduPilot/ardupilot にアクセスします（図 5.34）
・右上隅の「Fork」ボタンをクリックして，指示に従います（図 5.35）

詳しくは，https://ardupilot.org/dev/docs/git-fork.html を見てください．

GitHub 上の個人アカウントに ArduPilot のリポジトリができたところで，ソースコードをダウンロードして PC 上にクローンを作ります（図 5.36）．VSCode のターミナルで

```
git clone https://github.com/your-github-userid/ardupilot
```

を実行します．URL 中の your-github-userid は用意した GitHub のアカウント名に

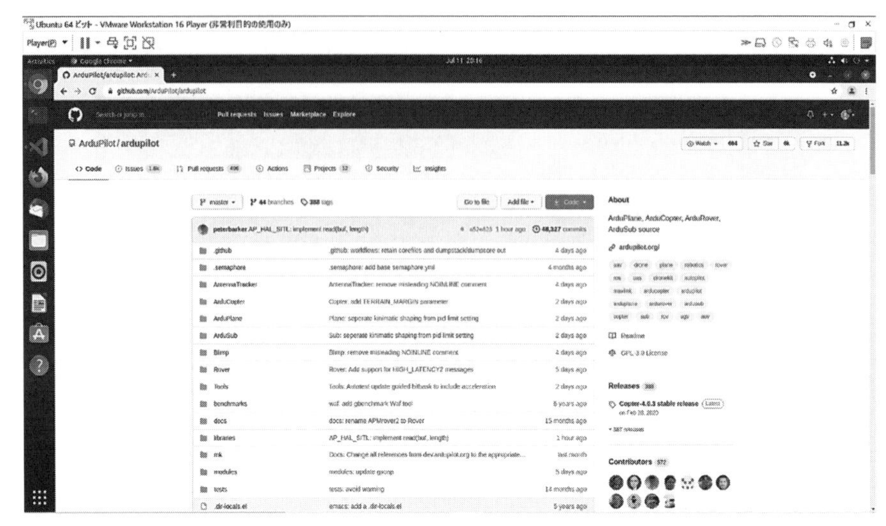

図 5.34　元となる https://github.com/ArduPilot/ardupilot

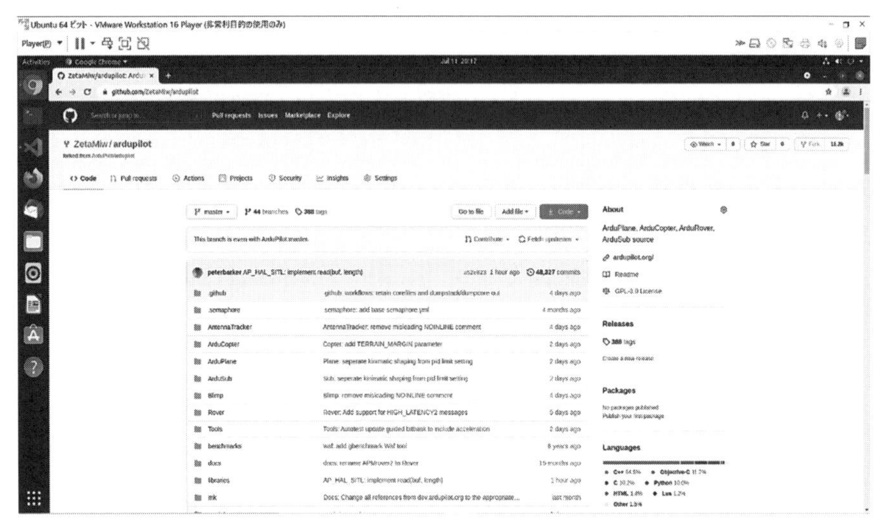

図 5.35　fork で作られたリポジトリの例

なります.

例：GitHub のアカウント名が ZetaMiw である場合は

```
git clone https://github.com/ZetaMiw/ardupilot
```

とします.

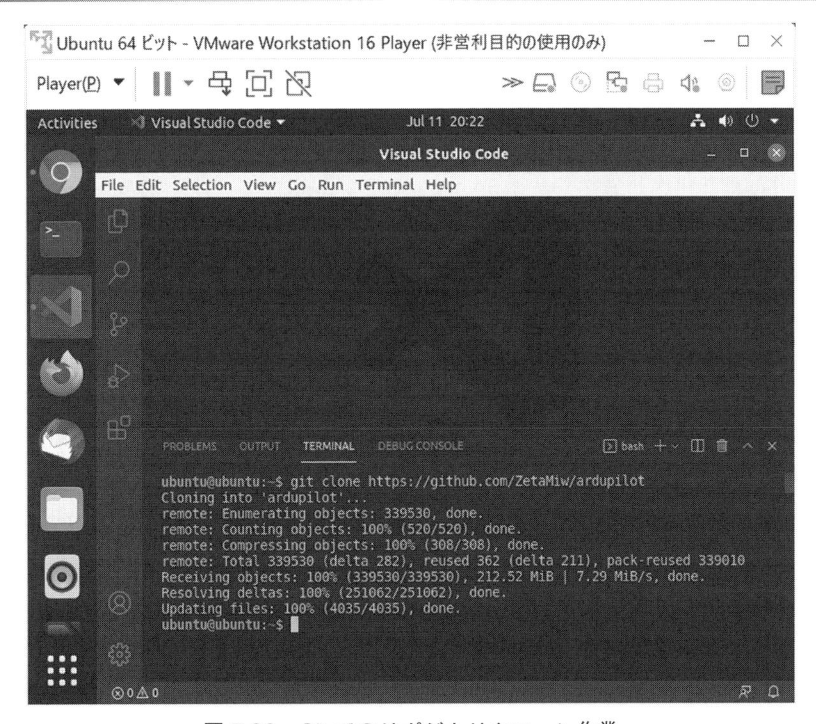

図 5.36　Git でのリポジトリクローン作業

クローンが終わったら，新しく作ったディレクトリ ardupilot に入ります．ターミナルで

```
cd ardupilot
```

と入れて実行します（図 5.37）．

次に，以下のコマンドをターミナルで実行して，サブモジュールをアップデートします（図 5.38）．

```
git submodule update --init --recursive
```

サブモジュールのインストールの後，その他必要なパッケージをターミナルから次のコマンドを入れてインストールします（図 5.39）．ディレクトリ ardupilot の中で

```
Tools/environment_install/install-prereqs-ubuntu.sh -y
```

を実行します．途中で何度か sudo のパスワードを尋ねられるので，そのたびに

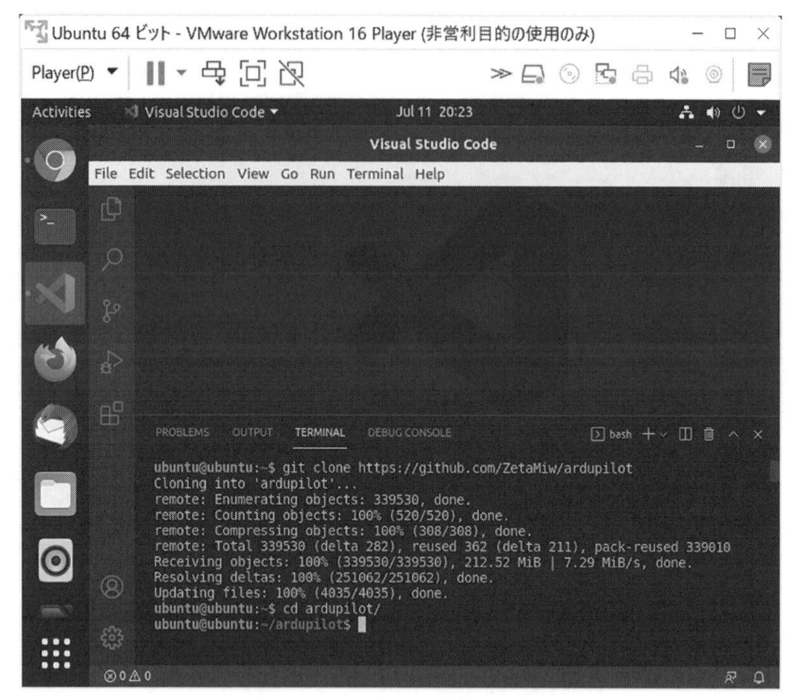

図 5.37　ディレクトリ ardupilot への CD

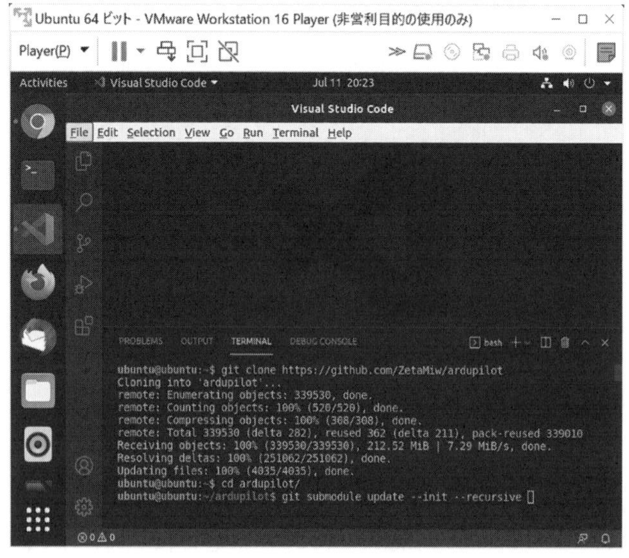

図 5.38　サブモジュールのアップデート

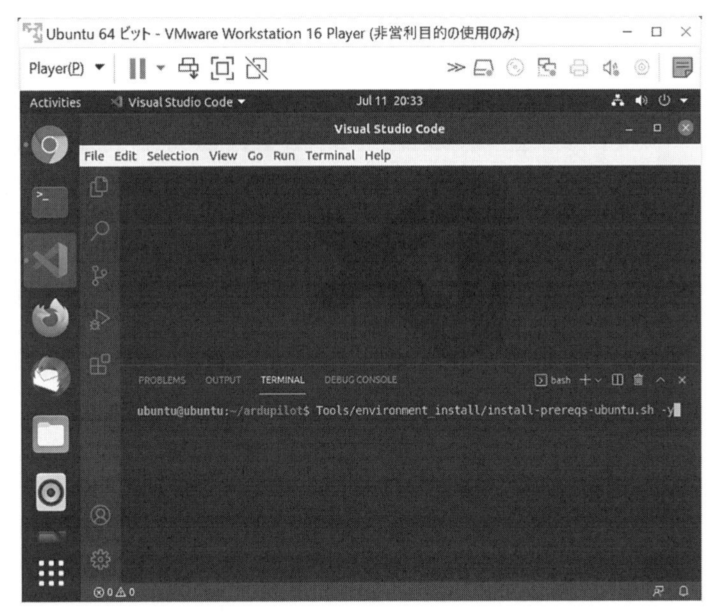

図 5.39　その他のパッケージのインストール

ユーザーのパスワードを入れます.

続けて

. ~/.profile

を実行します. “.” は Linux の source コマンドであり, ~/.profile ファイルをターミナルの起動時に読込み用に設定する操作です (図 5.40).

次に, ユーザーが USB ケーブルで接続した FC に対し, USB 機器としてアクセスできるように, dialout グループへユーザーを登録します (図 5.41). ここでは, ユーザーとして ubuntu を登録します. ターミナルで

sudo usermod -a -G dialout ubuntu

を実行します. パスワードが尋ねられるので, ユーザーのパスワードを入れます.

以上で, 開発環境の設定が完了しました.

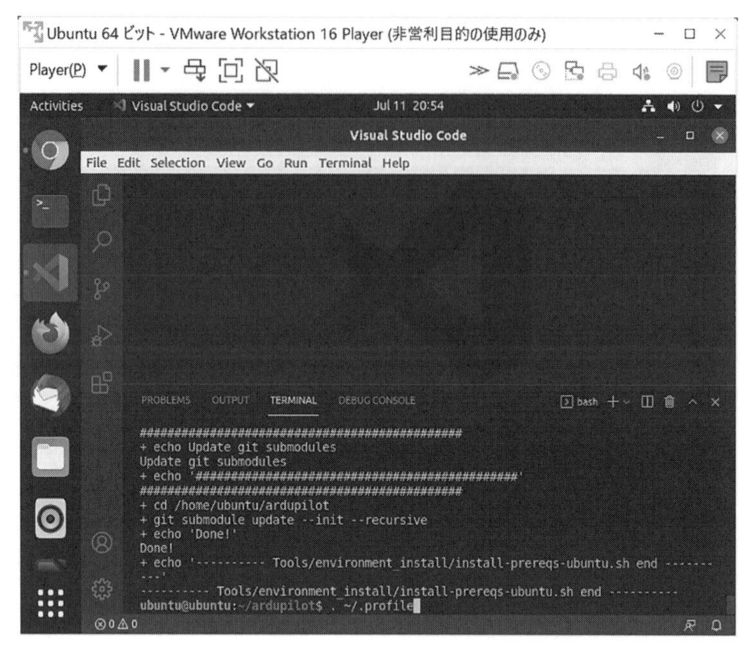

図 5.40　.~/.profile の実行

5.5 ファームウェアのビルドと書込み

次の URL に，ファームウェアのビルドと FC への書込みについて記述があります．

https://github.com/ArduPilot/ardupilot/blob/master/BUILD.md

このページの内容に従ってファームウェアのビルドを行います．これは図 5.42 でハイライトした部分にあたります．まず，使用する FC に対するビルドのオプションを調べます．次のコマンドで，使用する FC に対応するオプションがリストで表示されます．

```
./waf list_boards
```

図 5.43 にその結果を示します．

例を挙げると，FC が Pixhawk 4 Mini の場合は，“PH4-mini” がオプションになります．また FC が Pixhawk Mini の場合は，ハードウェアの形式が fmuv3 なので

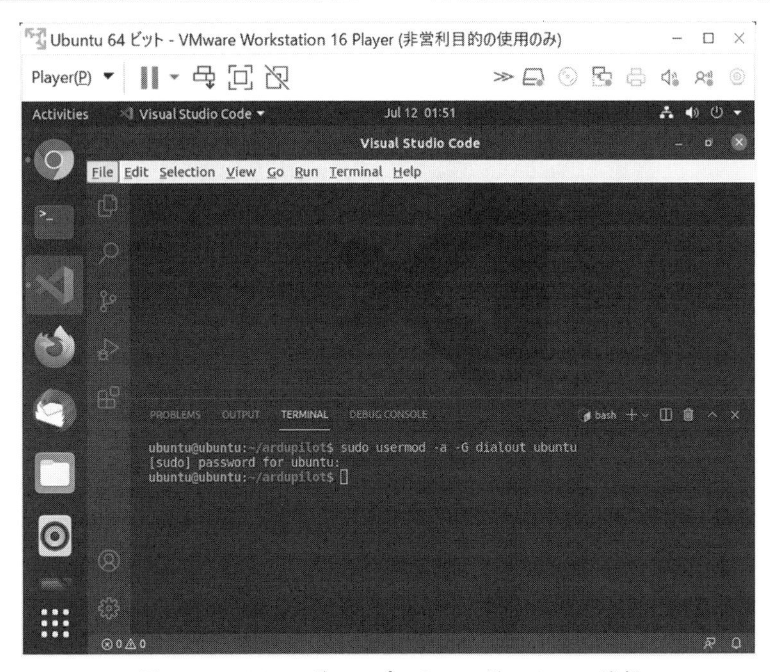

図 5.41　dialout グループへのユーザーubuntu 登録

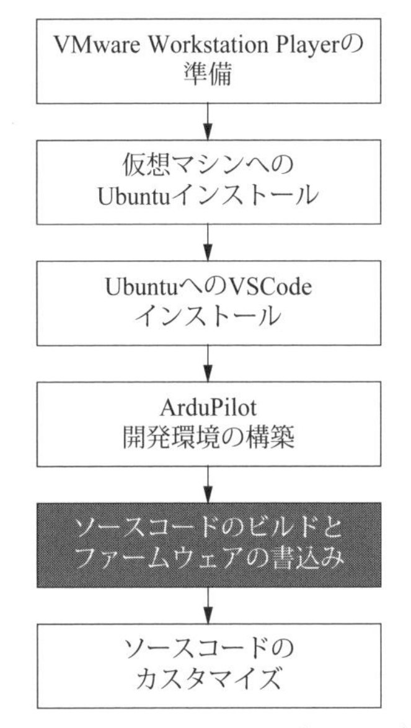

図 5.42　ファームウェアのビルドと書込み

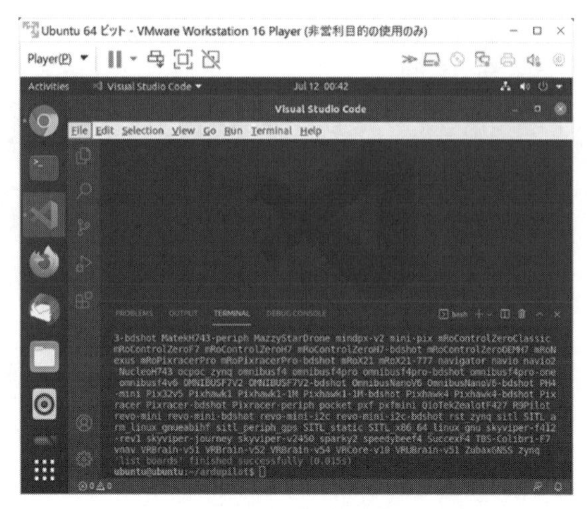

図 5.43　./waf list_boards の結果

“fmuv3” を使います．

次に，FC の形式に合わせて configure による設定を行います．FC が Pixhawk Mini の場合は

./waf configure --board fmuv3

とします．

FC が Pixhawk 4 Mini の場合は

./waf configure --board PH4-mini

とします．

configure による設定が正常に終わったら，build を行います．build は次のコマンドで行います．

./waf copter

オプション “copter” は，シングルロータ・マルチロータを含めた回転翼機用の build をしています．設定ミスやプログラムバグがなければ，エラーが出ずに build が終わります．正常に build が終わった様子を図 5.44 に示します．

ファームウェアの build が無事終了しましたら，FC に書き込みます．前提として，FC に合わせた configre 設定で build が無事終了したものとします．FC を USB ケーブルで PC に接続します．すると，VMware から仮想マシンに USB デバイス

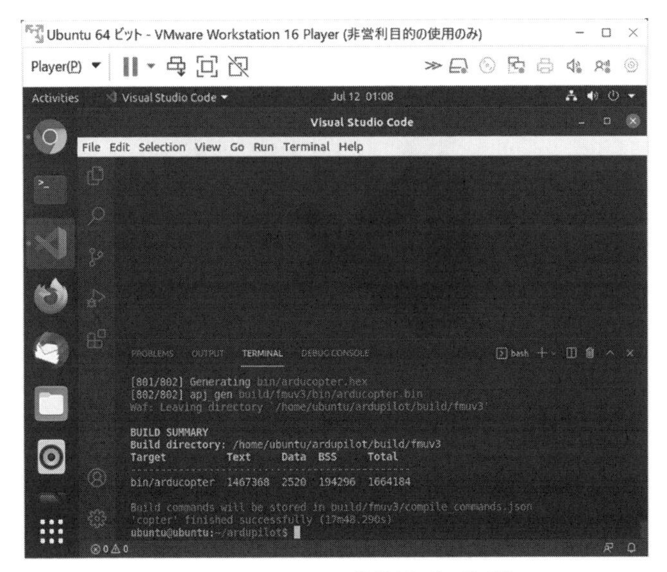

図 5.44　build の正常終了（口絵⑬）

を接続するか質問がきますので，仮想マシンを選びます．

その後，次のコマンドをターミナルで実行して書込みを行います．

./waf --targets bin/arducopter --upload

途中で USB ケーブルに関する指示が出ることがありますが，その場合は指示に従ってください．

エラーがなく終了すれば，無事書込みができています．VMware を終了し，FC から USB ケーブルを抜いておいてください．

FC へのファームウェア書込みが終わったら，FC を GCS（Ground Control Station）ソフトウェアの Mission Planner につなげて動作を確認します．Mission Planner を，次のページからダウンロード・インストールしておいてください．

https://ardupilot.org/planner/docs/mission-planner-installation.html

以下の手順に従ってファームウェアの動作確認をします．

① Mission Planner を立ち上げます．

② USB ケーブルで PC と FC を接続します．正常に動作すれば，PC は FC を USB デバイス（COM ポート）として認識します．

図 5.45　FC と接続後の Mission Planner の例

③認識後，Mission Planner の右上のポート選択リストボックスで COM ＊（＊は数字）を確認します．COM ＊の後に記述がありますので MAVLink などのキーワードがあるポートを選択します．

④通信速度を 115200 bps に設定し，コネクタのアイコンをクリックして接続を進めます．接続が完了すると，**図 5.45** のように，メッセージタブの最初（一番下）や Mission Planner のタイトルバーに“ArduCopter V＊＊＊”とファームウェア名とバージョン番号が表示されます．

以上で，FC へのファームウェア書込みが確認できました．

5.6　ソースコードのカスタマイズ

ArduPilot のソースコードについてはこちらに解説があります．

https://ardupilot.org/dev/docs/learning-the-ardupilot-codebase.html

この内容に従って

・10 Hz でラジコン送信機からの 8 ch 信号を確認

・8 ch 信号のパルス幅が 1 512 μs 以上ならメッセージタブに High と表示する

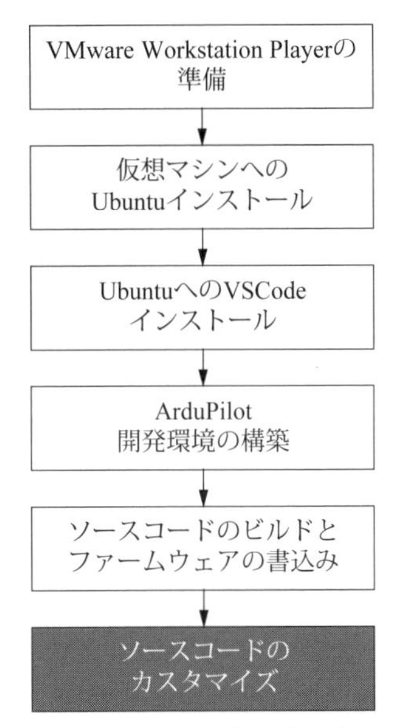

図 5.46　ソースコードのカスタマイズ

という機能を ArduCopter に追加してみます．ソースコードのカスタマイズは図 5.46 でハイライトした部分にあたります．

さて，ArduPilot では一定の間隔で関数を実行する方法として，スケジューラーを使用します．一定の時間間隔で実行される関数をスケジューラーに追加する方法は以下で説明されています．

https://ardupilot.org/dev/docs/code-overview-scheduling-your-new-code-to-run-intermittently.html

ArduCopter では，ソースコード Copter.cpp 内で定義されている scheduler_tasks 配列にユーザーが追加できる関数のひな型が用意されています．UserCode.cpp には，ArduCopter でユーザーが使用できる，周期に応じた名前の関数が用意されています．その中で 10 Hz で動作する userhook_MediumLoop 関数をスケジューラーに登録します．図 5.47 は Copter.cpp における scheduler_tasks 配列の定義の一部です．

```
#ifdef USERHOOK_MEDIUMLOOP
SCHED_TASK（userhook_MediumLoop, 10, 75),
```

```
C defines.h M ×
ArduCopter > C defines.h > USERHOOK_MEDIUMLOOP
156  // GCS failsafe definitions (FS_GCS_ENABLE parameter)
157  #define FS_GCS_DISABLED                         0
158  #define FS_GCS_ENABLED_ALWAYS_RTL               1
159  #define FS_GCS_ENABLED_CONTINUE_MISSION         2    // Removed in 4.0+, now use fs_options
160  #define FS_GCS_ENABLED_ALWAYS_SMARTRTL_OR_RTL   3
161  #define FS_GCS_ENABLED_ALWAYS_SMARTRTL_OR_LAND  4
162  #define FS_GCS_ENABLED_ALWAYS_LAND              5
163
164  // EKF failsafe definitions (FS_EKF_ACTION parameter)
165  #define FS_EKF_ACTION_LAND                    1      // switch to LAND mode on EKF failsafe
166  #define FS_EKF_ACTION_ALTHOLD                 2      // switch to ALTHOLD mode on EKF failsafe
167  #define FS_EKF_ACTION_LAND_EVEN_STABILIZE     3      // switch to land mode on EKF failsafe even if in a manual flight mode like stabilize
168
169  // for PILOT_THR_BHV parameter
170  #define THR_BEHAVE_FEEDBACK_FROM_MID_STICK (1<<0)
171  #define THR_BEHAVE_HIGH_THROTTLE_CANCELS_LAND (1<<1)
172  #define THR_BEHAVE_DISARM_ON_LAND_DETECT (1<<2)
173
174  #define USERHOOK_MEDIUMLOOP
```

図 5.47　defines.h への USERHOOK_MEDIUMLOOP 登録

```
UserCode.cpp M ●
ArduCopter > UserCode.cpp > userhook_MediumLoop()
31  }
32  #endif
33
34  #ifdef USERHOOK_MEDIUMLOOP
35  void Copter::userhook_MediumLoop()
36  {
37      // put your 10Hz code here
38      if(hal.rcin->read(CH_8)>1512){
39          gcs().send_text(MAV_SEVERITY_INFO, "RCIN8 is High");
40      }
41  }
42  #endif
43
44  #ifdef USERHOOK_SLOWLOOP
45  void Copter::userhook_SlowLoop()
46  {
47      // put your 3.3Hz code here
48  }
49  #endif
```

図 5.48　ユーザー関数の定義

#endif

と準備されていますが，初期設定では USERHOOK_MEDIUMLOOP が define されていないため userhook_MediumLoop 関数はコンパイルの段階で登録されません．そこで，define.h に #define USERHOOK_MEDIUMLOOP を追加して，スケジューラーへの登録を行います（図 5.47）．

次に，userhook_MediumLoop 関数自体を定義します（図 5.48）．UserCode.cpp の userhook_MediumLoop 関数に記入しました．

関数 hal.rcin->read(ch_8) によりラジコン送信機からの Ch8 の PWM 信号を読み取り，その値が 1 512 以上であれば

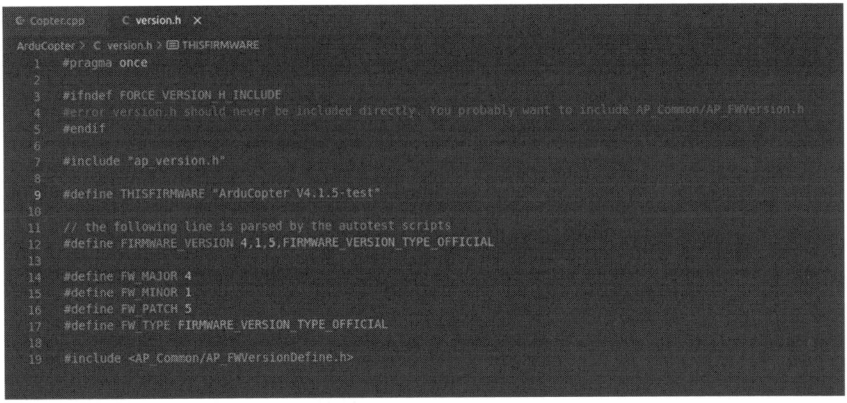

```
Copter.cpp    C version.h ×
ArduCopter > C version.h > THISFIRMWARE
 1  #pragma once
 2
 3  #ifndef FORCE_VERSION_H_INCLUDE
 4  #error version.h should never be included directly. You probably want to include AP_Common/AP_FWVersion.h
 5  #endif
 6
 7  #include "ap_version.h"
 8
 9  #define THISFIRMWARE "ArduCopter V4.1.5-test"
10
11  // the following line is parsed by the autotest scripts
12  #define FIRMWARE_VERSION 4,1,5,FIRMWARE_VERSION_TYPE_OFFICIAL
13
14  #define FW_MAJOR 4
15  #define FW_MINOR 1
16  #define FW_PATCH 5
17  #define FW_TYPE FIRMWARE_VERSION_TYPE_OFFICIAL
18
19  #include <AP_Common/AP_FWVersionDefine.h>
```

図 5.49　変更した version.h

```
gcs().send_text(MAV_SEVERITY_INFO, “RCIN8 is High”);
```

で Mission Planner のメッセージタブに「RCIN8 is High」を表示させます．

ついでに，カスタマイズをしたので Mission Planner のタイトルバーやメッセージタブに表示されるバージョン名を変更しましょう．バージョン名は，ArduCoper/version.h で定義されています．**図 5.49** のように 9 行目を

```
#define THISFIRMWARE “ArduCopter V4.1.5-test”
```

と変更します．

以上の3か所を変更したら，5.5節と同様にビルドとファームウェアの書込みをします．

書き込んだ後，Mission Planner に接続したときにタイトルバーの表示は“ArduCopter V4.1.5-test”となっています（図 5.50）．また，8 章で説明するラジオキャリブレーションをした後，ラジコン送信機の Ch8 を操作すると，Mission Planner のメッセージタブに「RCIN8 is High」が表示されます．

図 5.50　カスタマイズの確認

6章 無線通信システム

〜ドローンの命綱としての通信，ドローンを暴走させるな〜

ドローンは，いわゆるラジコンの部品・装置から構成されています．操縦装置もRC（ラジコン）送信機・RC受信機が使用されています．またFCの状態やGNSSで計測した機体の位置情報やドローンに取り付けられたカメラからの映像といった各種情報を送ってくるテレメトリと呼ばれる通信装置もあります．RC送信機・RC受信機もテレメトリも無線通信システムとなります．ドローンのシステムでは，これら無線通信機器を使って操縦・操作を行います．本章ではこの無線通信システムについて解説します．

6.1 電波法と無線通信機器

日本国内では，電波法に適合した無線通信機器を使用する必要があります．

総務省のホームページ内の「ドローン等に用いられる無線設備について」

https://www.tele.soumu.go.jp/j/sys/others/drone/

には，日本国内でドローンに使用できる無線通信システムについての説明がされています．ドローンを運用するにあたっては，電波法に適合した製品を使用する必要があります．図6.1に示す特定無線設備の技術基準適合証明などのマーク（技適マーク）がついていれば適合した無線通信システムです．

https://www.tele.soumu.go.jp/j/adm/monitoring/summary/qa/giteki_mark/

また使用する電波の周波数や機器によっては，使用者にも免許が必要なことがあります．

総務省で公開されている，国内でドローン等での使用が想定される主な無線通信システムの表を，1.4節でも掲載

図6.1　技適マーク

表6.1　国内でドローン等での使用が想定される主な無線通信システム
（出典：https://www.tele.soumu.go.jp/j/sys/others/drone/より引用）

分　類	無線局免許	周波数帯	送信出力	利用形態	備　考	無線従事者資格
免許及び登録を要しない無線局	不要	73 MHz帯等	※1	操縦用	ラジコン用微弱無線局	不　要
	不要※2	920 MHz帯	20 mW	操縦用	920 MHz帯テレメータ用，テレコントロール用特定小電力無線局	
		2.4 GHz帯	10 mW/MHz	操縦用 画像伝送用 データ伝送用	2.4 GHz帯小電力データ通信システム	
携帯局	要	1.2 GHz帯	最大1 W	画像伝送用	アナログ方式限定※4	第三級陸上特殊無線技士以上の資格
携帯局陸上移動局	要※3	169 MHz帯	10 mW	操縦用 画像伝送用 データ伝送用	無人移動体画像伝送システム（平成28年8月に制度整備）	
		2.4 GHz帯	最大1 W	操縦用 画像伝送用 データ伝送用		
		5.7 GHz帯	最大1 W	操縦用 画像伝送用 データ伝送用		

※1：500 mの距離において，電界強度が200 μV/m以下のもの.
※2：技術基準適合証明等（技術基準適合証明及び工事設計認証）を受けた適合表示無線設備であることが必要.
※3：運用に際しては，運用調整を行うこと.
※4：2.4 GHz帯及び5.7 GHz帯に無人移動体画像伝送システムが制度化されたことに伴い，1.2 GHz帯からこれらの周波数帯への移行を推奨しています.

しましたが，再度表6.1に転載します．ドローン運用ではこの区分けに従って，無線通信システムを選定・購入・使用します.

6.2　RC送信機と受信機選定の考え方と購入方法

RC送信機と受信機の例を挙げます．図6.2は双葉電子工業から発売されているRC送信機T10J，図6.3はT10Jの相手となるRC受信機R3008SBです．この

図 6.2　ラジコン送信機 T10J

図 6.3　ラジコン受信機 R3008SB

RC 送信機・RC 受信機は免許がいらない 2.4 GHz 帯小電力データ通信システムにあたり，ディジタル通信を行います．また，オプションで販売されている専用のセンサを受信機の S. BUS2 ポートにつなげることで，RC 受信機から RC 送信機にセンサの計測値を表示させることができます．

RC 送信機では，2 軸の操作を行えるスティックが二つと，トグルスイッチやボリュームスイッチなどが装備されています．オペレータが操作した RC 送信機の各スティック・スイッチの状態を数値として，無線通信で RC 受信機に送ります．RC 受信機は受け取った無線通信から各スティック・スイッチの数値を読み取り，それをラジコン信号の値として出力します．各スティック・スイッチの操作量は，それぞれ個別に指定されたチャンネルの PWM 信号として RC 受信機から出力されます．各スティック・スイッチとチャンネルの割当ては，RC 送信機によってはユーザが設定できます．一般的にチャンネル 1〜4 の信号は，それぞれエルロン・エレベータ・スロットル・ラダー用の信号として使用されます．その他の信号は，FC のフライトモード切換えや，RTL の開始などに使われます．

RC 送信機 T10J では，チャンネル 1〜4 は固定されていますが，チャンネル 5〜10 はユーザが各スイッチに設定することができます．RC 受信機 R3008SB では，個別に各チャンネルの操作量を PWM 信号の形式で出力し，同時に一つの S. BUS 信号にまとめて出力します．図 6.4，図 6.5 のような装置構成で PWM 信号と S. BUS 信号をオシロスコープで観察しました．

図 6.6 に PWM 信号の例を示します．PWM とは Pulse Width Modulation（パル

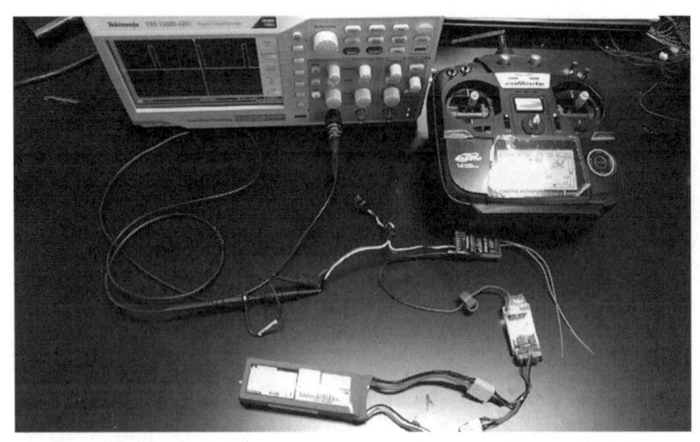

図 6.4　ラジコン受信機からの信号を計測する装置の構成

図 6.5　計測した受信機

ス幅変調）という意味で，パルス幅で情報を表す方式です．図 6.6（a）は一番小さい値（例えばスティックを一番下にしたとき），図 6.6（b）は中央での値（たとえばスティックを中央にしたとき），図 6.6（c）は一番大きい値（たとえばスティックを一番上にしたとき）の様子です．この図に示すように，PWM 信号のパルス幅で，操作量を表しています．ラジコン受信機では各チャンネルごとに PWM 信号が出力されます．

図 6.7 に S. BUS 信号の例を示します．S. BUS 信号は双葉電子工業が開発した独自のシリアル通信規格です．図 6.8 に S. BUS 信号での接続例を示します．S.

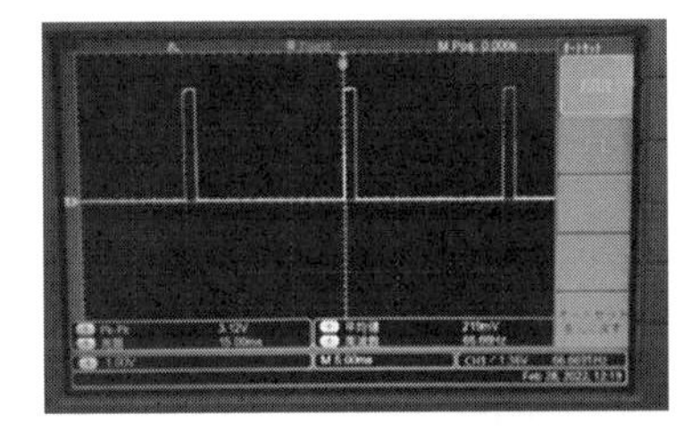

(a) パルス幅 1.0ms

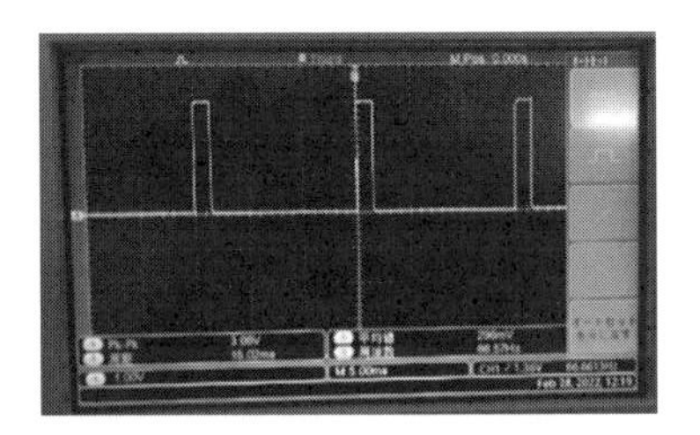

(b) パルス幅 1.5ms

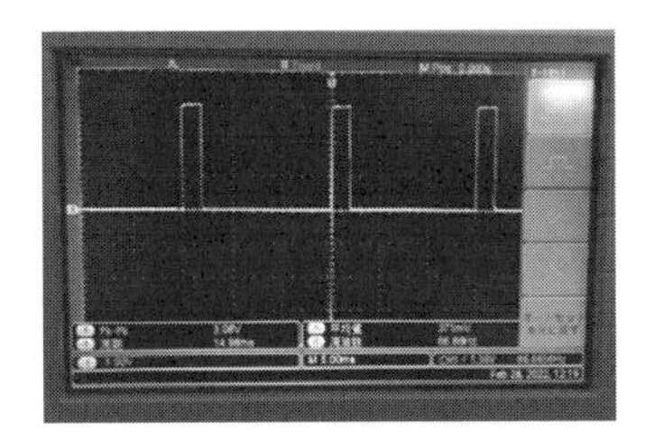

(c) パルス幅 2.0ms

図 6.6 PWM 信号

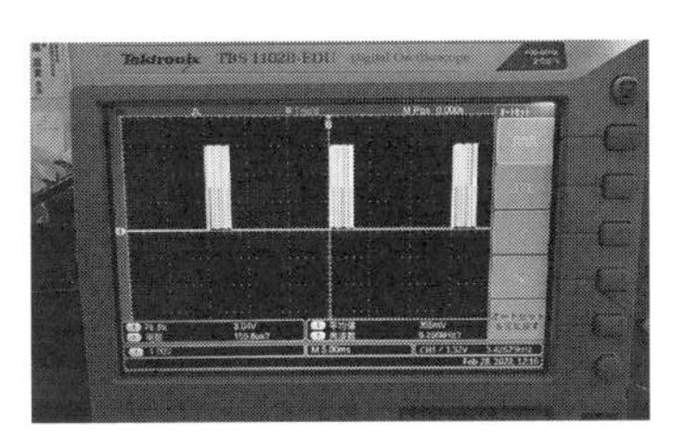

(a) S.BUS信号列

(b) S.BUS信号の1セット

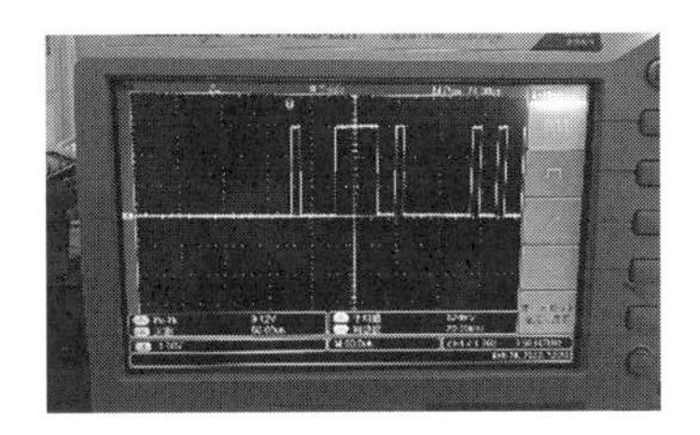

(c) S.BUS信号の先頭の様子

図 6.7 S. BUS 信号の様子

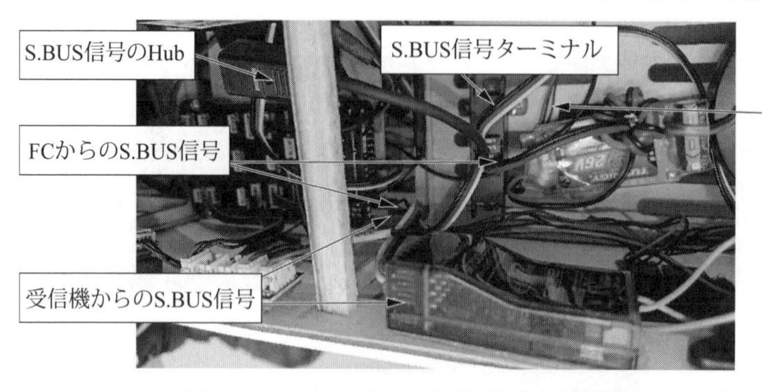

図 6.8　S. BUS 信号の接続例（固定翼機内部の結線例）

BUS 信号は 1 本のケーブルで送信機のすべての操作量を送ります．図の一群のパルス列の中に，複数の ID 番号とそれに対応した操作量が含まれています．S. BUS 信号は一つのケーブルを分岐して複数のサーボモータや ESC をつなぐことができます．S. BUS に対応したサーボモータや ESC は ID 番号を設定しています．各サーボモータや ESC は，自分の ID 番号に対応した操作量を読み込み，それに従って動作します．

S. BUS 信号は 1 本のケーブルの中に送信機のすべての操作量が含まれているため，フライトコントローラが操縦者の操作を読み込むのに便利です．

RC 送信機と RC 受信機はバインド（リンクとも呼ばれます）という操作を行うことで，他の RC 送信機・RC 受信機との混信を防ぐことができます．

いろいろな RC 送信機・RC 受信機が発売されています．ドローン用の RC 送信機・RC 受信機としては，少なくとも

- 6 ch（チャンネル）（操縦用の 4 ch＋フライトモード切換えの 1 ch＋飛行調整用の 1 ch）以上
- 各スイッチと各 ch の割当てができる
- 電波法に適合し，なるべく遠方まで使用できる

といった条件を満たすものを選びます．

日本国内で使用する場合は，電波法に適合した RC 送信機・RC 受信機を選ぶ必要があります．例として挙げた T10J・R3008SB は上記条件を満たしている入門用のセットになります．

RC 送信機・RC 受信機は模型店や Web サイトなどの通販で購入できます．ただ，通販の場合は，日本の電波法に適合しない海外製品や海外版も販売されていますので，購入時には注意が必要です．特に通販サイトなどでは，販売者もよくわかっていないことがありますので，注意が必要です．

※電波法に適合しない通信機器の販売・購入については違法ではなく問題ありません．しかし電源を入れて電波を発信した際に違反に問われる可能性があります．

6.3 テレメトリ通信システム選定の考え方と留意点

ドローンと GCS では，テレメトリ通信システムを以下の目的で使用します．

・ドローンの飛行状態のモニタリング
・ドローンのパラメータ設定
・自動航行で使用する WayPoint データのアップロード
・ドローンの自動航行の実行，監視　など

本書で使用する FC を例に挙げると，Telem1 ポートから MAVLink プロトコルを使用して通信を行います．Telem1 ポートは UART のシリアル通信ポートですので，シリアル通信を扱えるテレメトリ用の無線通信機器が必要となります．ここでは二つの無線通信機器を紹介します．

6.3.1 Digi XBee

図 6.9 に Digi 社の XBee を示します．エレパーツショップなどで購入できる低価格の 2.4 GHz 帯無線通信機器です．写真は RPSMA タイプで 2.4 G 帯用のホイップアンテナを取り付けて使います．FC 側や GCS の入っている PC 側にそれぞれ用意し，事前にバインドをしておきます．バインドのためのアプリケーションは，メーカーのサイトからダウンロードできます．

FC や PC と接続するためには，アダプタボードを用意します．筆者の経験上，300〜500 m くらいは通信が維持できます．実験的な運用では十分な距離だと思います．また，これらの機器を調整したうえでケースに入れた製品も，ドローンメーカーや FC のメーカーから販売されています．

XBee本体

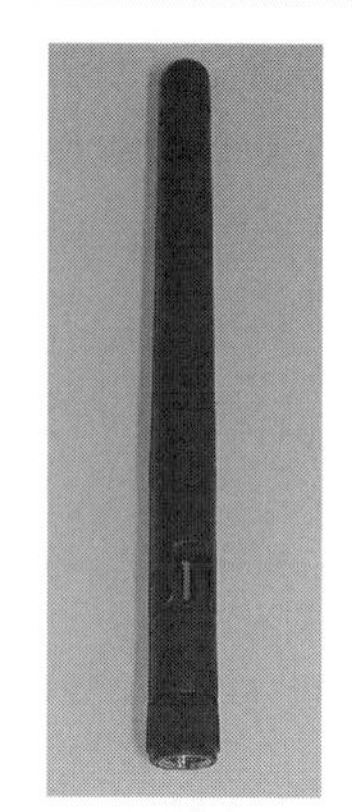

アンテナ

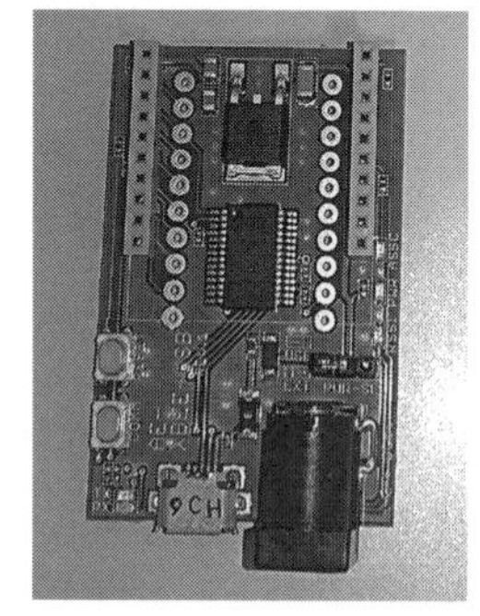

USB接続アダプタ

UART接続アダプタ

図 6.9　XBee

6.3.2　P2400

Microhard 社の P2400 は長距離通信が可能な無線通信機器です（図 6.10）．P2400 本体とは RS232C で通信しますので，FC 側には RS232C ドライバ IC を使い，PC 側では USB-RS232C 変換ケーブルを使って接続します．筆者の実験では，ドローンの高度を 40 m にしたところ，約 6 km 離れた地上の GCS との通信を確認できました．P2400 は一つが 4～5 万円と高価ですが，遠距離の運用には向いています．

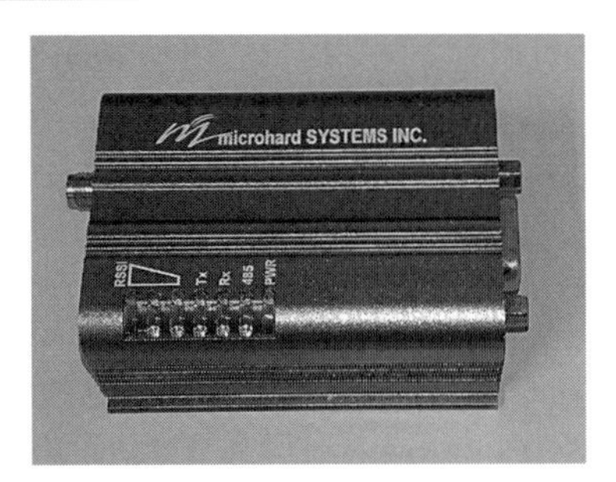

図 6.10　P2400

6.4　画像伝送システム選定の考え方と留意点

ドローンにカメラとその映像を送信する画像伝送システムを搭載すると，空中からの映像を地上で見ることができます．この画像伝送も電波を使いますので，日本国内では電波法に適合した装置を使う必要があります．また，画像伝送システムの運用には免許が必要な場合もあります．

6.4.1　免許が不要な画像伝送システム

一番お手軽な画像伝送システムとしては，画像伝送システムと一体になったRC 送信機・RC 受信機として SIYI AK28（図 6.11）や SIYI MK15E，HereLink が

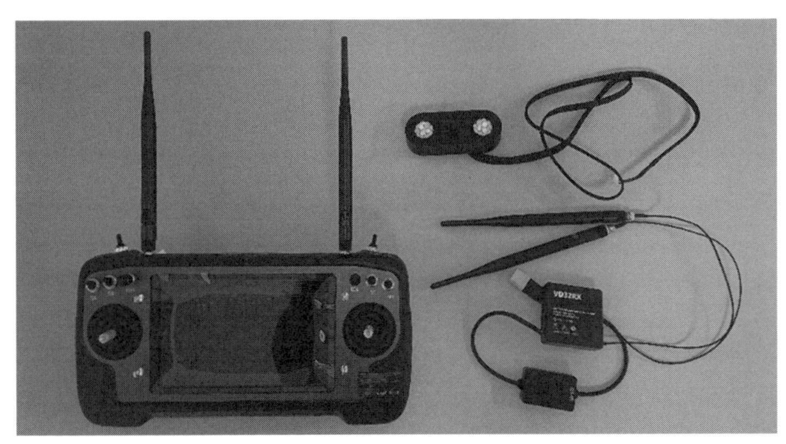

図 6.11　画像伝送付き RC 送信機・受信機 AK-28

あります．ドローン本体に搭載されたRC受信機に接続された専用カメラからの映像が，RC送信機に内蔵されたモニタに表示されます．RC送信機も各スイッチへのch割当てができます．RC受信機からはS. BUS信号やPWM信号が出力されますので，使いやすいです．

安価な画像伝送装置としては，免許がいらない特定小電力機器である2.4 GHz帯の無線LANを使う方法があります．図6.12にその構成例を示します．

ドローン側には無線LANのアクセスポイント（AP）を搭載し，そこにWebカメラを接続します．地上のPCからAPにWi-Fiで接続し，ドローン側のWebカメラにアクセスすることで画像を見ることができます．ただ，Wi-Fi接続は環境や装置に依存します．APとWebカメラは，Raspberry Piマイコンと専用カメラやUSBカメラでも代用できます（図6.13）．

6.4.2　免許が必要な画像伝送システム

現在市販されている免許が必要な画像伝送システムとしてはボーダック社のHN1000T送信機とHN100R受信機があります（図6.14）．電波法「無人移動体画像伝送システム」に合致した無人ロボット用の映像伝送無線装置です．運用にあたっては，総務省の携帯局無線局免許開設が必要です．5.7 GHz帯のドローンのための専用周波数を使用しており，第三級陸上特殊無線技士以上の資格が必要です．また，主任無線従事者制度により，1名の有資格者がいることにより，不特定多数の無資格者も運用できる利点があります．高価な装置ですが，長距離での運用が可能です．

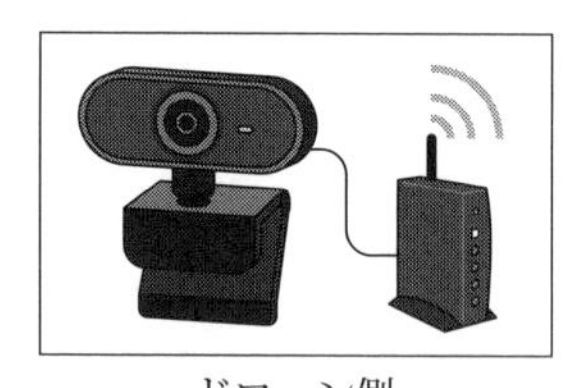

ドローン側

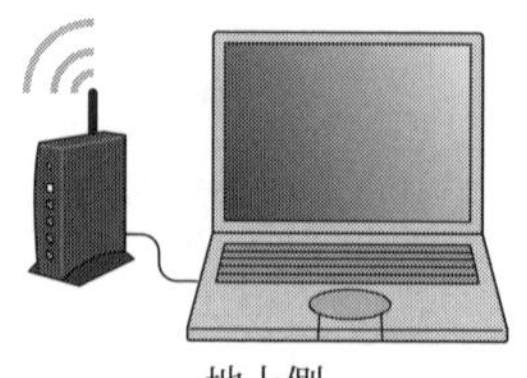

地上側

図6.12　無線LANを使った映像転送の例

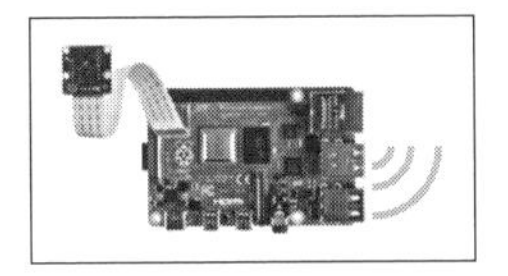

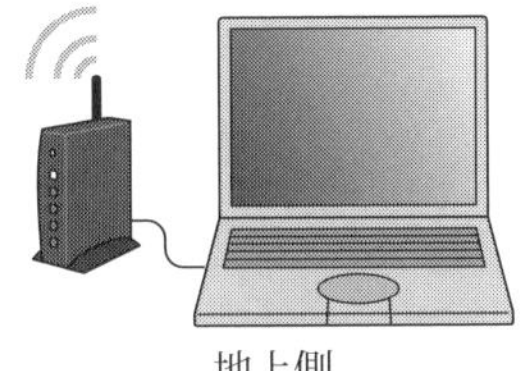

図 6.13　Raspberry Pi と USB カメラの接続例

図 6.14　無人移動体画像伝送システム　HN1000T 送信機と HN100R 受信機

6.5　携帯電話回線を利用した方法

これまでに紹介したラジコン用の通信機器が運用できる範囲は，最大半径数 km の範囲です．これは目視内でのドローン運用では十分です．一方，長距離運搬など目視外での利用には範囲が狭くて足りません．そこで，携帯電話回線を使った通信方式が提案されています．

図 6.15 に携帯電話回線である LTE 回線とインターネットを利用したドローンシステムの例を挙げます．この図では LTE 機器としてスマートフォン，コンパニ

オンマイコンとして Raspberry Pi，ドローンのフライトコントローラとして MAVLink 対応品を想定しています．

図中ではコンパニオンマイコンはシリアル通信によりフライトコントローラと接続しております．さらにコンパニオンマイコンをスマートフォンに接続し，スマートフォンのテザリング機能により LTE 回線を経由してインターネットに接続します．地上側 PC は Misson Planner や QGroundControl といった MAVLink 対応の GCS が動作しています．また地上側 PC もスマートフォンのテザリング機能でインターネットに接続します．

さて，地上側 PC 上の GCS から発行された MAVLink コマンドはインターネットと携帯電話回線を通してコンパニオンマイコンに届きます．コンパニオンマイコンは MAVLink コマンドをシリアル通信に載せてフライトコントローラに届けます．また，フライトコントローラからの MAVLink コマンドはシリアル通信でコンパニオンマイコンに届き，コンパニオンマイコンはそれを携帯電話回線・インターネットを介して地上側 PC の GCS に送ります．このようにして，携帯電話回線・インターネットを介することで，長距離の MAVLink コマンドの通信を実現します．これにより，機体情報のモニタリングや操作・操縦などが長距離・目視外でも可能になります．

くわえて，コンパニオンマイコンに Web カメラなどを接続することで，ドロー

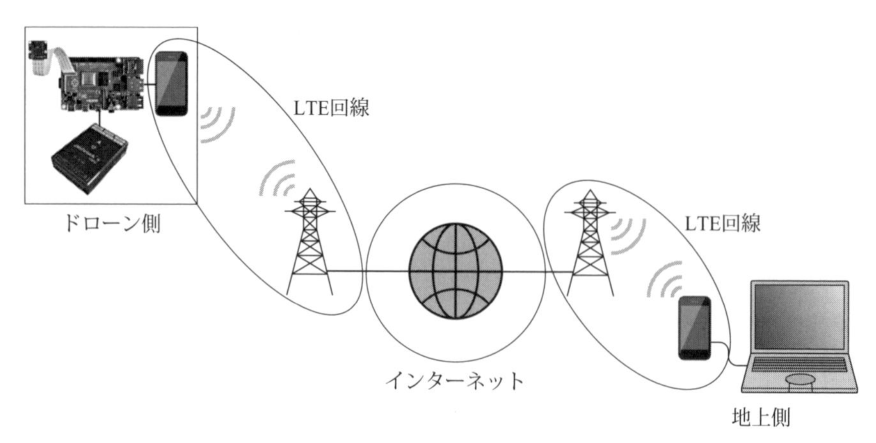

図 6.15　LTE 回線利用の例

ン本体からの映像配信もインターネット経由で可能になります．

以前は，携帯電話機器をドローンに搭載して空中から使用するためには，特別な許可申請が必要だったのですが，2022年2月現在の日本国内においてはNTTドコモのLTE上空利用プランに加入することで使えるようになりました．

また，LTE回線に対応したドローンや，LTE接続キットも販売されています．個人で使うには月額が約5万円と高価ですが，業務によっては必須の技術になりそうです．今後，LTE回線のほかに5G回線も利用可能になる予定です．

【参考文献】

・MavLink　https://mavlink.io/en/

7章 地上局システム

~Mission Plannerやデータの可視化としてのGCS~

本章では，地上局システムの概要とその選定において考慮すべき点について解説します．多くの無人航空機は地上局システムによって監視・制御されており，地上局システムを含んで無人航空機システム（Unmanned Aircraft System：UAS）と呼ばれます．地上局システムは，英語のGround Control Stationを略してGCSと呼ばれることもあります．ソフトウェアの種類によって詳細な仕様は異なりますが，ミッションプランニングやドローンの位置表示を行うための地図とドローンのステータス表示，そして，ドローンに指示を与えるコマンドの送信機能が共通した仕様として考えられます．以降の節では，地上局システムのハードウェアおよびソフトウェアの概要を説明した後，ドローンの通信に用いられる最も有名なプロトコルであるMAVLinkの基本メッセージの仕様から地上局システムが扱うデータ・コマンドの詳細について解説します．最後に，現在広く使われているGCSソフトウェアの概要と特徴について説明します．

7.1 地上局システムの概要

本節では地上局システムを構成するハードウェア要素およびソフトウェア機能について概要を説明します．図7.1にGCSソフトウェアのフロント画面のイメージを示します．

7.1.1 地上局システムのハードウェア構成要素

地上局システムのハードウェアは，大きく分けて地上局ソフトウェアが動作するデータ処理部とドローン本体とのデータのやり取りに用いる無線部から構成さ

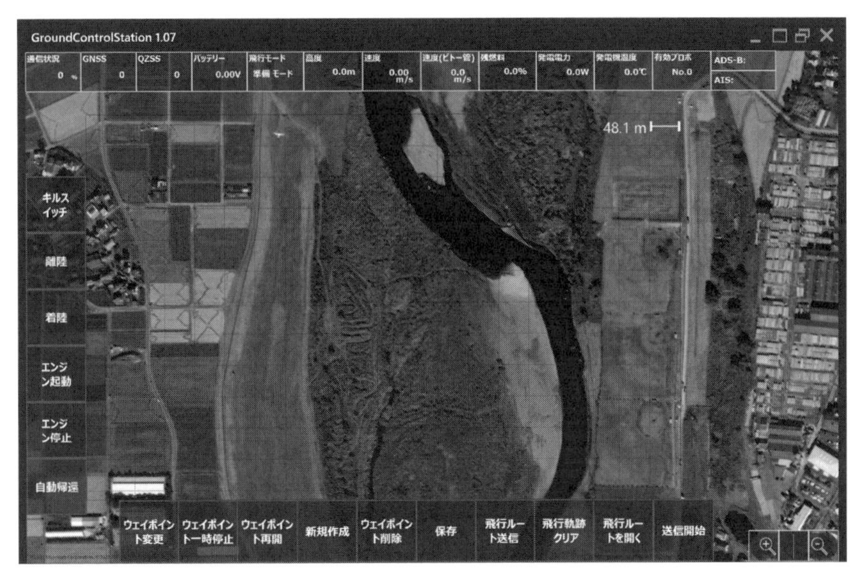

図 7.1　GCS ソフトウェアのフロント画面のイメージ

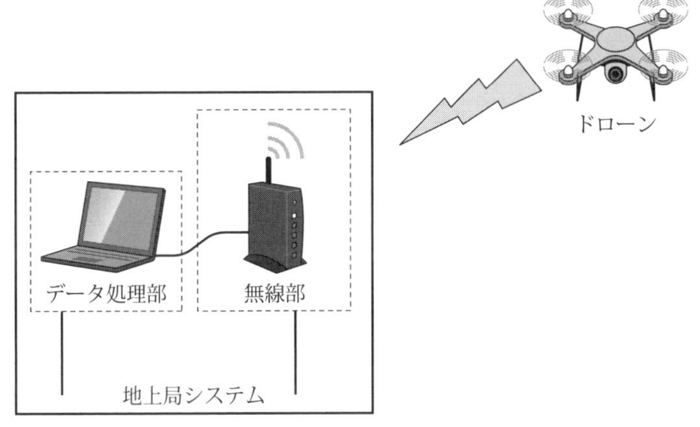

図 7.2　地上局システムのハードウェア構成のイメージ

れています．図 7.2 にハードウェア構成のイメージを示します．データ処理部は持ち運びの容易さからラップトップ PC，タブレット，またはスマートフォンが多く用いられています．図 7.3 にデータ処理部の例を示します．一方，無線部は各種無線モジュールとそれに付随するアンテナから構成されており，運用の際の

図 7.3　データ処理部の例
（https://www.gnas.jp/uav/ground/）

図 7.4　無線部の例
（https://www.digi-intl.co.jp/products/wireless-wired-embedded-solutions/zigbee-rf-modules/zigbee-mesh-module/xbee-zb-module.html）

ドローン本体と地上局との距離ややり取りするデータ容量によってさまざまな種類が存在します．図 7.4 に無線部の例を示します．無線部とデータ処理部は何かしらの有線通信によって接続されており，ドローン本体から届いた情報をデータ処理部で表示するとともに，データ処理部で生成された指令コマンドをドローン本体に送信することが可能となっています．

また，近年では図 7.5 に示すような無線操縦機（プロポ）と地上局システムが

図 7.5　プロポ一体型の地上局システム

一体となったデバイスも登場しており，特に農薬散布など目視内で運用するドローンで多く用いられています．

7.1.2　地上局システムが備えるべきソフトウェア機能

ここでは，地上局のソフトウェアが最低限備えるべき機能について図 7.1 を参照しながら解説します．

（1）機体監視機能

機体監視機能は，ドローン本体から送られてくる各種データを表示する機能です．図 7.1 の中では中央の地図部分と画面上部の状態表示部分がこれにあたります．ドローンの開発・運用フェーズによって表示するデータはさまざまであると考えられます．例えば，開発フェーズにおいてはドローンの姿勢データや各モータへ出力データ，機体制御ファームウェア内部の各種状態などの表示が重要になりますが，開発が終了した機体の運用フェーズにおいてはドローンの現在位置やウェイポイントの表示，また無線通信の健全度などの表示が重要となります．表示が必要となるデータの種類については次節にて詳しく解説します．また，近年では複数のドローンを同時に運用するというニーズも増えており，複数機体の情報を一つの地上局ソフトウェア上に表示，監視する機能も重要となりつつあります．

(2) コマンド送信機能

コマンド送信機能は，ドローン本体に対する指令コマンドを生成，送信する機能です．図7.1では画面左側に並ぶ離陸や着陸などの各種コマンドボタンがこれにあたります．コマンドはさまざまなものが想定されますが，代表的なものとして離陸や着陸コマンド，自動帰還コマンド，さらに緊急時のフライトターミネーションに関するコマンドなどがあります．また，ドローン本体ではなく，空撮用カメラへの撮影指令や荷物の着脱指令といったドローンに搭載されたペイロードへのコマンドも含まれます．ドローンの運用で必要となるコマンドの詳細については次節で解説します．

(3) ミッション計画機能

ミッション計画機能は，ドローンが飛行するルートやルート上で行う動作といったミッションを計画する機能です．図7.1では飛行ルートを設定するための中央の地図と画面下部のウェイポイントの設定に関する各種ボタンがこれに相当します．最も基本的なものとしてドローンの飛行経路を表すウェイポイントの設計が考えられますが，それに加えて空撮機体であればカメラの撮影ポイントの指示，物流ドローンであれば荷物の配送地点の設定といった，ドローン本体およびペイロードが行う動作の計画もミッション計画機能として含まれます．基本的にミッションはドローン飛行前に計画し，ドローン本体に送信されますが，飛行中にミッションの変更をする機能も存在しています．

(4) 安全設定機能

安全設定機能は，飛行中のドローンの安全を確保する各種設定を行う機能です．図7.1ではジオフェンスなどを設定するための中央の地図がこの機能をもっています．ドローンの飛行速度の制限といった簡単なものから，ドローンが特定の高度や領域を侵害しないように設定するいわゆるジオフェンスの設定も含んでいます．また，バッテリーや燃料の残量が設定した閾(しきい)値を下回った際に自動帰還や緊急着陸などの動作を行うといったパラメータと動作の設定も安全設定機能の一部と考えることができます．

以上で紹介したものが，ドローンの運用フェーズにおいて地上局ソフトウェアが最低限備えるべき基本的な機能であるといえます．一方，ドローンの開発フェーズにおいてはこれに加えて，機体の制御パラメータの設定機能，ドローンファームウェアの更新機能をはじめとして種々の機能が求められることもあります．さらに，将来的にドローンの運用範囲が広がった際には，自機体の情報のみならず他者が飛行させているドローン，ドローンの飛行領域内に存在する有人航空機や船舶などの情報を表示する機能も非常に重要になると考えられます．

7.2 MAVLinkからみる地上局システムが扱う，データ，コマンドの詳細

本節では，ドローンと地上局システムの代表的な通信規格である MAVLink（図 7.6）を参照し，地上局が扱うデータやコマンドの種類の詳細について解説します．MAVLink とは，2009 年初めに Lorenz Meier らによって LGPL ライセンスのもとで公開されたドローンとの通信に用いるプロトコルです．地上局システムとドローン間の通信やドローンのサブシステム間の相互通信に用いられています．以下では MAVLink の代表的なメッセージを紹介し，そこから見えてくる地上局システムが扱うデータやコマンドの詳細について説明します．MAVLink そのものの詳細や使用方法については公式の Web ページ（https://mavlink.io/en/）を参照してください．

図 7.6　MAVLink のロゴ
（https://mavlink.io/en/）

以下で MAVLink の代表的なメッセージを紹介します．

7.2.1 SCALED_IMU メッセージ

はじめに，SCALED_IMU メッセージを紹介します．図 7.7 に SCALED_IMU メッセージの詳細を示します．このメッセージは 3 軸加速度センサ，3 軸角速度センサ，3 軸磁気センサを含む 9 軸センサ，いわゆる IMU（Inertial Measurement Unit）の読取り値を格納しています．これらのセンサはドローンが飛行を行うための最も基本的な制御に用いられているため，開発フェーズにおいてモニタリン

Field Name	Type	Units	Description
time_boot_ms	uint32_t	ms	Timestamp (time since system boot).
xacc	int16_t	mG	X acceleration
yacc	int16_t	mG	Y acceleration
zacc	int16_t	mG	Z acceleration
xgyro	int16_t	mrad/s	Angular speed around X axis
ygyro	int16_t	mrad/s	Angular speed around Y axis
zgyro	int16_t	mrad/s	Angular speed around Z axis
xmag	int16_t	mgauss	X Magnetic field
ymag	int16_t	mgauss	Y Magnetic field
zmag	int16_t	mgauss	Z Magnetic field
temperature **	int16_t	cdegC	Temperature, 0: IMU does not provide temperature values. If the IMU is at 0C it must send 1 (0.01C).

図 7.7　SCALED_IMU メッセージ
(https://mavlink.io/en/)

グやロギングをすることが重要となります．特に，加速度センサはドローンの振動状態を把握するために有用であり，運用フェーズにおいても飛行安全性を判断する指標としても用いられます．SCALED_IMU メッセージでは各センサの値が適切な単位となるようにスケーリングされていますが，スケーリングされていない9軸センサの出力値を表す RAW_IMU メッセージも存在しています．

7.2.2　SCALED_PRESSURE メッセージ

続いて，SCALED_ PRESSURE メッセージを紹介します．図 7.8 に SCALED_ PRESSURE メッセージの詳細を示します．このメッセージは気圧計から出力される絶対圧，差圧，および温度の読取り値を格納することができます．絶対圧は適切な温度補正を経たうえでドローンの高度を計算・表示するために用いられます．一方，差圧はドローンの対気速度を計算するために用いられ，固定翼ドローンで特に重要となります．SCALED_IMU メッセージと同様に，このメッセージは適切な単位にスケーリングされた値を用いています．スケーリング

Field Name	Type	Units	Description
time_boot_ms	uint32_t	ms	Timestamp (time since system boot).
press_abs	float	hPa	Absolute pressure
press_diff	float	hPa	Differential pressure 1
temperature	int16_t	cdegC	Absolute pressure temperature
temperature_press_diff **	int16_t	cdegC	Differential pressure temperature (0, if not available). Report values of 0 (or 1) as 1 cdegC.

図 7.8　SCALED_ PRESSURE メッセージ
(https://mavlink.io/en/)

されていない出力値を格納する RAW_PRESSURE メッセージも存在します．

7.2.3 ATTITUDE メッセージ

ここでは，ATTITUDE メッセージを紹介します．図 7.9 に ATTITUDE メッセージの詳細を示します．このメッセージには IMU データから計算された 3 軸の姿勢角度と 3 軸の角速度が含まれています．姿勢角度はロール・ピッチ・ヨー表現を用いており，IMU データから計算されます．開発フェーズ，運用フェーズともに GCS 上に姿勢指示器の形式ないしは機体の 3D グラフィックなどを用いて姿勢情報が投影されます．これによってドローンが安定して飛行できているかを確認することが可能です．ATTITUDE メッセージのほかに姿勢表現としてクォータニオンを用いた ATTITUDE_QUATERNION も存在しています．

Field Name	Type	Units	Description
time_boot_ms	uint32_t	ms	Timestamp (time since system boot).
roll	float	rad	Roll angle (-pi..+pi)
pitch	float	rad	Pitch angle (-pi..+pi)
yaw	float	rad	Yaw angle (-pi..+pi)
rollspeed	float	rad/s	Roll angular speed
pitchspeed	float	rad/s	Pitch angular speed
yawspeed	float	rad/s	Yaw angular speed

図 7.9　ATTITUDE メッセージ
（https://mavlink.io/en/）

7.2.4 GLOBAL_POSITION_INT メッセージ

ここでは，GLOBAL_POSITION_INT メッセージを紹介します．図 7.10 に GLOBAL_POSITION_INT メッセージの詳細を示します．このメッセージはフィルタリングされたドローンのグローバル位置および速度情報を含んでいます．グ

Field Name	Type	Units	Description
time_boot_ms	uint32_t	ms	Timestamp (time since system boot).
lat	int32_t	degE7	Latitude, expressed
lon	int32_t	degE7	Longitude, expressed
alt	int32_t	mm	Altitude (MSL). Note that virtually all GPS modules provide both WGS84 and MSL.
relative_alt	int32_t	mm	Altitude above ground
vx	int16_t	cm/s	Ground X Speed (Latitude, positive north)
vy	int16_t	cm/s	Ground Y Speed (Longitude, positive east)
vz	int16_t	cm/s	Ground Z Speed (Altitude, positive down)
hdg	uint16_t	cdeg	Vehicle heading (yaw angle), 0.0..359.99 degrees. If unknown, set to: UINT16_MAX

図 7.10　GLOBAL_POSITION_INT メッセージ
（https://mavlink.io/en/）

ローバル位置は緯度，経度，高度の形式で，速度は北方向，東方向，および鉛直下方向速度の形式で表されています．位置情報はGCSソフトウェアの地図上のアイコンとして，速度情報は速度計やグラフ，数値情報の形式で表示されます．ここで，緯度，経度の情報は単精度の浮動小数点数では分解能が不足してしまうため，32ビットの整数値で表現されていることに注意が必要です．仮に，緯度，経度を単精度浮動小数点数で表現した場合，数値の最小桁の分解能が数m単位となってしまい，ドローンの位置を正確に地図上に表現するうえで十分ではありません．

7.2.5 RC_CHANNELS_SCALEDメッセージ

ここでは，RC_CHANNELS_SCALEDメッセージを紹介します．図7.11にRC_CHANNELS_SCALEDメッセージの詳細を示します．RC_CHANNELS_SCALEDメッセージは−100％～100％の範囲にスケーリングされたラジコン送信機の操舵データを格納することができます．飛行のバックアップなどに用いるラジコン送信機データの健全度の表示や，スイッチによる飛行モードの切換え表示などに用いられます．

Field Name	Type	Units	Description
time_boot_ms	uint32_t	ms	Timestamp (time since system boot).
port	uint8_t		Servo output port (set of 8 outputs = 1 port). Flight stacks running on Pixhawk should use: 0 = MAIN, 1 = AUX.
chan1_scaled	int16_t		RC channel 1 value scaled.
chan2_scaled	int16_t		RC channel 2 value scaled.
chan3_scaled	int16_t		RC channel 3 value scaled.
chan4_scaled	int16_t		RC channel 4 value scaled.
chan5_scaled	int16_t		RC channel 5 value scaled.
chan6_scaled	int16_t		RC channel 6 value scaled.
chan7_scaled	int16_t		RC channel 7 value scaled.
chan8_scaled	int16_t		RC channel 8 value scaled.
rssi	uint8_t		Receive signal strength indicator in device-dependent units/scale. Values: [0-254], UINT8_MAX: invalid/unknown.

図7.11　RC_CHANNELS_SCALEDメッセージ
(https://mavlink.io/en/)

7.2.6 ACTUATOR_OUTPUT_STATUSメッセージ

ここでは，ACTUATOR_OUTPUT_STATUSメッセージを紹介します．図7.12にACTUATOR_OUTPUT_STATUSメッセージの詳細を示します．このメッセージは，サーボモータやブラシレスモータといったアクチュエータへの出力データを格納しています．出力データは単精度浮動小数点数の配列の形で表現さ

Field Name	Type	Units	Description
time_usec	uint64_t	us	Timestamp (since system boot).
active	uint32_t		Active outputs
actuator	float[32]		Servo / motor output array values. Zero values indicate unused channels.

図 7.12　ACTUATOR_OUTPUT_STATUS メッセージ
（https://mavlink.io/en/）

れ，最大で32個のアクチュエータ出力を格納することができます．これらのアクチュエータへの出力情報は開発フェーズ，運用フェーズともに重要であり，ドローンに何かしらの不具合が発生した際の原因究明などに利用されます．

続いて，MAVLink の代表的なコマンドを紹介します．

7.2.7　MAV_CMD_NAV_WAYPOINT コマンド

ここでは，MAV_CMD_NAV_WAYPOINT コマンドを紹介します．図 7.13 に MAV_CMD_NAV_WAYPOINT コマンドの詳細を示します．このコマンドは緯度，経度，高度，方位で表現された指定のウェイポイント（WayPoint）への飛行を指示することができます．各ウェイポイントの位置・方位に加えて到達判定に用いる球の半径やウェイポイント上での待機時間も設定することができます．ウェイポイント飛行はドローンのミッションにおいて最も基本的な飛行の仕方であり，すべての GCS ソフトウェアはウェイポイント飛行を設定する機能をもっています．また，ウェイポイントに関連する他のコマンドとして指定のウェイポイント周辺でロイター飛行を行うための MAV_CMD_NAV_LOITER_UNLIM，MAV_CMD_NAV_LOITER_TURNS，MAV_CMD_NAV_LOITER_TIME なども存在しています．

Param (:Label)	Description	Values	Units
1: Hold	Hold time. (ignored by fixed wing, time to stay at waypoint for rotary wing)	*min:*0	s
2: Accept Radius	Acceptance radius (if the sphere with this radius is hit, the waypoint counts as reached)	*min:*0	m
3: Pass Radius	0 to pass through the WP, if > 0 radius to pass by WP. Positive value for clockwise orbit, negative value for counter-clockwise orbit. Allows trajectory control.		m
4: Yaw	Desired yaw angle at waypoint (rotary wing). NaN to use the current system yaw heading mode (e.g. yaw towards next waypoint, yaw to home, etc.).		deg
5: Latitude	Latitude		
6: Longitude	Longitude		
7: Altitude	Altitude		m

図 7.13　MAV_CMD_NAV_WAYPOINT コマンド
（https://mavlink.io/en/）

7.2.8 MAV_CMD_NAV_LAND コマンド

ここでは，MAV_CMD_NAV_LAND コマンドを紹介します．図 7.14 に MAV_CMD_NAV_LAND コマンドの詳細を示します．このコマンドはドローンに指定位置への着陸指示を与える際に用いられます．着陸点の緯度，経度や着陸時のドローンの方位，着陸開始高度などの指定に加え，着陸が中断された際にドローンが向かう目標高度や，画像情報などを用いた精密着陸の指示を行うことも可能です．

Param (:Label)	Description	Values	Units
1: Abort Alt	Minimum target altitude if landing is aborted (0 = undefined/use system default).		m
2: Land Mode	Precision land mode.	PRECISION_LAND_MODE	
3	Empty.		
4: Yaw Angle	Desired yaw angle. NaN to use the current system yaw heading mode (e.g. yaw towards next waypoint, yaw to home, etc.).		deg
5: Latitude	Latitude.		
6: Longitude	Longitude.		
7: Altitude	Landing altitude (ground level in current frame).		m

図 7.14 MAV_CMD_NAV_LAND コマンド
(https://mavlink.io/en/)

7.2.9 MAV_CMD_NAV_TAKEOFF コマンド

ここでは，MAV_CMD_NAV_TAKEOFF コマンドを紹介します．図 7.15 に MAV_CMD_NAV_TAKEOFF コマンドの詳細を示します．このコマンドは GCS からドローンへ離陸指示を与える際に用います．離陸後に向かう目標点の設定に加えて，固定翼ドローンが離陸する際のピッチ角度の指示を行うこともできます．

Param (:Label)	Description	Units
1: Pitch	Minimum pitch (if airspeed sensor present), desired pitch without sensor	deg
2	Empty	
3	Empty	
4: Yaw	Yaw angle (if magnetometer present), ignored without magnetometer. NaN to use the current system yaw heading mode (e.g. yaw towards next waypoint, yaw to home, etc.).	deg
5: Latitude	Latitude	
6: Longitude	Longitude	
7: Altitude	Altitude	m

図 7.15 MAV_CMD_NAV_TAKEOFF コマンド
(https://mavlink.io/en/)

7.2.10 MAV_CMD_DO_FOLLOW コマンド

ここでは，MAV_CMD_DO_FOLLOW コマンドを紹介します．図 7.16 に

Param (:Label)	Description	Values	Units
1: System ID	System ID (of the FOLLOW_TARGET beacon). Send 0 to disable follow-me and return to the default position hold mode.	*min*:0 *max*:255 *increment*:1	
2	Reserved		
3	Reserved		
4: Altitude Mode	Altitude mode: 0: Keep current altitude, 1: keep altitude difference to target, 2: go to a fixed altitude above home.	*min*:0 *max*:2 *increment*:1	
5: Altitude	Altitude above home. (used if mode=2)		m
6	Reserved		
7: Time to Land	Time to land in which the MAV should go to the default position hold mode after a message RX timeout.	*min*:0	s

図 7.16　MAV_CMD_DO_FOLLOW コマンド
（https://mavlink.io/en/）

MAV_CMD_DO_FOLLOW コマンドの詳細を示します．このコマンドはビーコンなどが設置された所定のターゲットへの追従飛行を指示する際に用いられます．このコマンドが送られるとドローンは指定された ID をもつビーコンを終了の指示があるまで追尾します．その際，一定高度で追従するのか，ターゲットとの相対高度を一定とし追従するかなどのオプションを選択することができます．

以上で紹介した MAVLink メッセージおよびコマンドはドローンの最も基本的な状態を GCS に表示するため，または，ドローンのミッションにおいて最も基本的な飛行を指示するために用いられます．そのため，これらは地上局システムが最低限取り扱うべきデータであるといえます．しかしながら，開発フェーズや運用フェーズにおいては，開発者やユーザのさまざまなニーズに合わせたメッセージやコマンドが必要となり，この限りではありません．

7.3　オープンソース地上局ソフトウェアの種類と特徴

本節では，現在普及している代表的なオープンソース地上局ソフトウェアを紹介し，その特徴について解説します．

7.3.1　Mission Planner

ここでは，Mission Planner を紹介します．Mission Planner は，オープンソースオートパイロットプロジェクトである ArduPilot Mega（APM）において Michael Oborne が開発したフリーでかつオープンソースの地上局アプリケーションです．図 7.17 に Mission Planner のアプリケーション外観を示します．Mission Planner

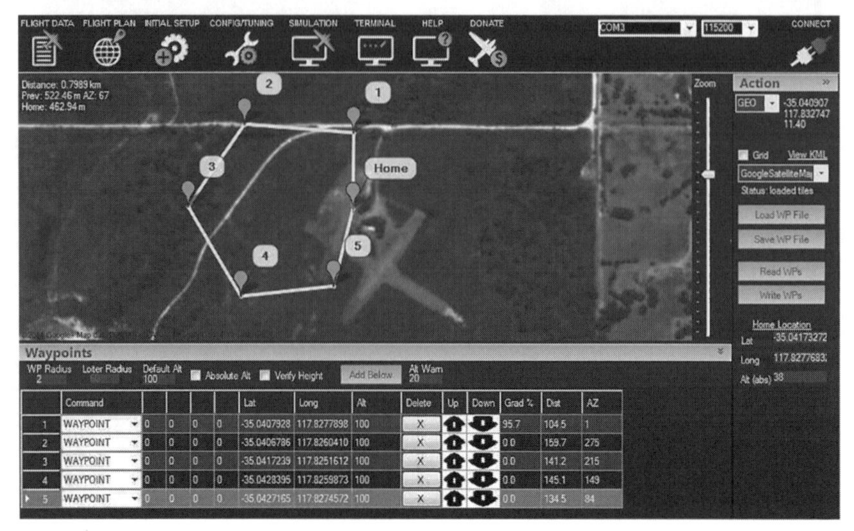

図 7.17　Mission Planner
（https://ardupilot.org/planner/）

の機能の一部として下記が挙げられます.

- ドローンを制御するオートパイロットボードにファームウェア（ソフトウェア）をロードする機能
- 最適なパフォーマンスを実現するために機体を設定，調整する機能
- Google Map などの地図上でポイント＆クリックでウェイポイントを入力し，自律飛行ミッションを計画，保存，そしてオートパイロットボードにロードする機能
- オートパイロットボードが作成したミッションログのダウンロードと分析機能
- PC フライトシミュレータとの連結により，フルハードウェア・イン・ザ・ループのドローンシミュレーション機能
- 飛行中のドローンの状態監視機能
- FPV（一人称視点）でのドローン操縦機能

7.3.2　QGroundControl

ここでは，QGroundControl を紹介します．QGroundControl（図 7.18）は，

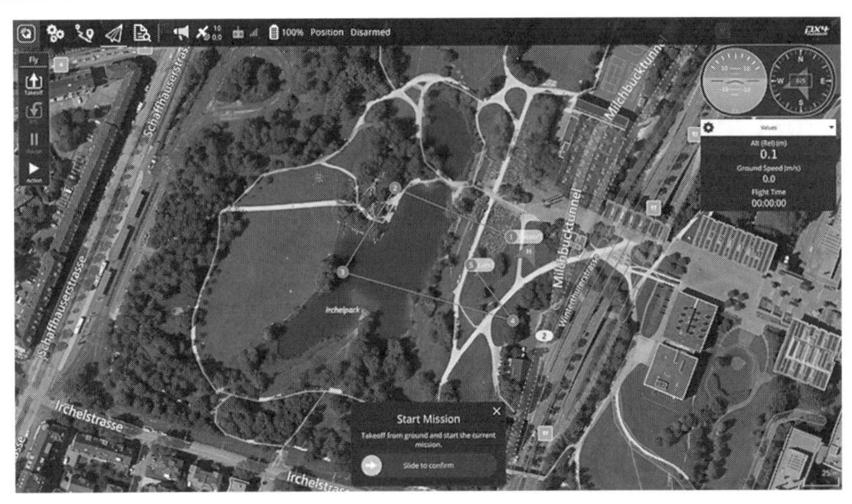

図 7.18　QGroundControl
(http://qgroundcontrol.com/)

PX4，または ArduPilot を搭載したドローンの飛行制御とセットアップを行うことが可能です．初心者にも簡単でわかりやすいインタフェースを提供する一方で，経験豊富なユーザに対してはハイエンド機能を提供します．主な機能として下記が挙げられます．

- ArduPilot と PX4 Pro を搭載したドローンのフルセットアップ／コンフィギュレーション
- PX4 と ArduPilot（または MAVLink プロトコルで通信する他のオートパイロット）を搭載したドローンのフライトサポート
- 自律飛行のためのミッションプランニング
- ドローンの位置，飛行経路，ウェイポイント，各種計器情報を表示するフライトマップ
- 計器表示オーバーレイを用いたビデオストリーミング
- 複数ドローンの一括管理機能

7.3.3　UgCS

ここでは，UgCS を紹介します．UgCS（図 7.19）は Mission Planner や QGroundControl に対して後発の GCS アプリケーションですが，商用ドローン，特

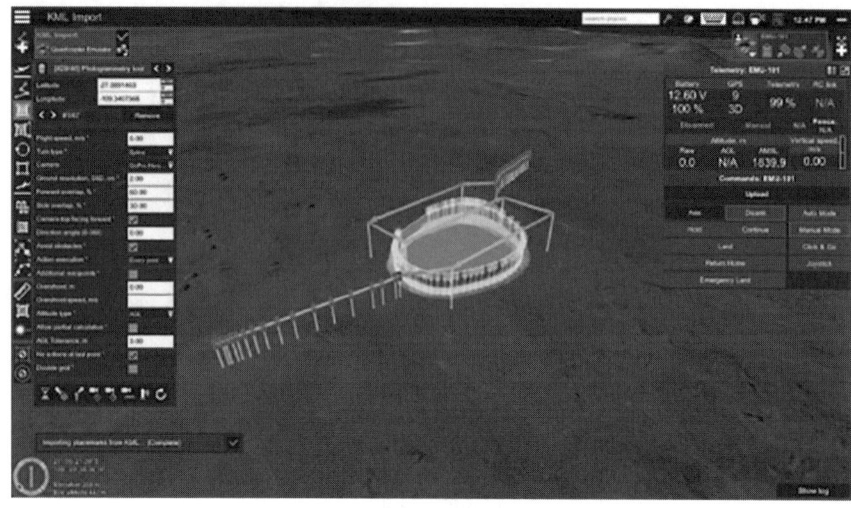

図 7.19　UgCS
（https://www.ugcs.com/）

に測量系ドローンの運用者に近年広く普及し始めています．UgCSは，ドローン測量ミッションを効率的に計画し，飛行させることを目的に開発されたソフトウェアであり，ほぼすべてのドローンプラットフォームをサポートしています．大きな特徴として2Dマップの代わりに3Dマップを採用することで，より感覚的なドローンの監視，操作機能を提供している点が挙げられます．UgCSは，写真測量技術を用いた測量ミッションのプランニングを可能にしています．自動化されたドローンミッション計画，内蔵の写真測量とジオタギングツール，ディジタル標高モデル（DEM）とKMLファイルのインポートによる地図のカスタマイズ，長距離ルート用のバッテリー交換オプションなどにより広域測量のための効果的なソリューションを提供しています．

8章 ドローンの飛ばし方

～ドローンを飛ばそう，ドローンの醍醐味を味わおう～

FC にファームウェアのインストールが終わりましたら，FC を機体に取り付けた後，飛行前の調整を行います．FC を機体に搭載した後は，ラジコン受信機，GPS，テレメトリ通信機，パワーモジュール，ESC との接続を行います．このあたりの接続はマニュアルに従って行います．プロペラはまだ取り付けません．接続が終わったら，まずは飛行前調整を行っていきます．調整には Mission Planner を使います．その後，飛行調整を行います．

8.1 送信機の設定

図 8.1 に本章全体の作業工程，図 8.2 に本節で扱う作業をそれぞれ示します．

双葉電子工業のラジコン送信機 T10J を次のように設定します．図 8.3 に T10J の初期画面と各種ボタンを示します．＋キーを長押しすると，図 8.4 のようなメニュー画面に入ります．メニュー画面ではジョグキーの上下左右でカーソルを動かして各機能を選び，押し込むことで各機能の設定に入ることができます．

以後，各機能の設定について説明します．

(1) リバース

双葉電子のラジコン装置では，スロットルをリバースにします（図 8.5）．

ジョグキーの左右でカーソルを動かして設定したいチャンネルを選び，ジョグキーの上下でノーマル・上下を選び，ジョグキーを音が鳴るまで押し込むことで設定します．

(2) AUX チャンネル

AUX チャンネルは，5 ch 以降を操作するスイッチを設定する機能です．ジョグキーで設定する ch を選び，＋キーと－キーでスイッチを選びます（図8.6）．5 ch

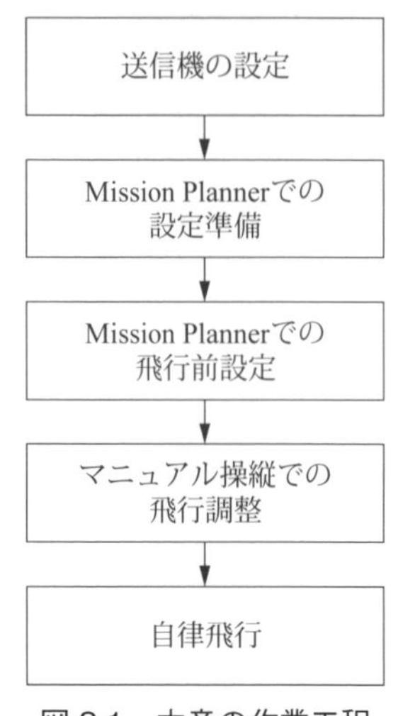

図8.1　本章の作業工程

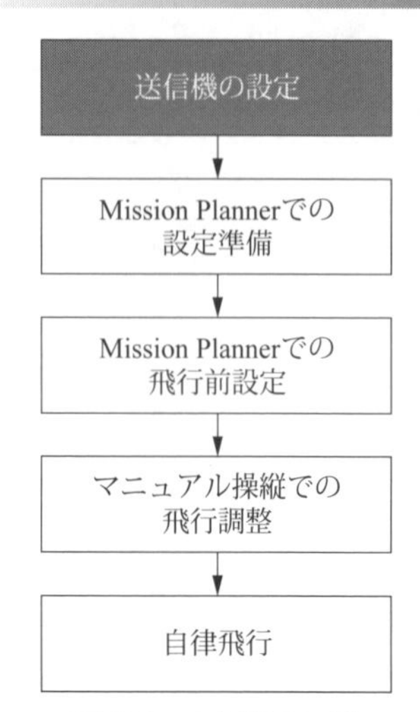

図8.2　8.1節の工程

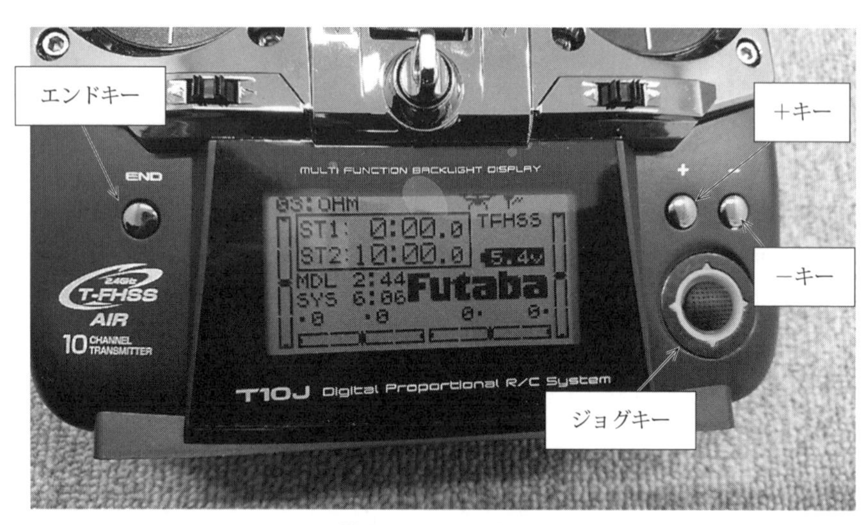

図8.3　メイン画面

(Mode) は，後に出てくるフライトモードの切換えに使います．5 chのスイッチとして3段階スイッチのSwEを，7 chをモード切換えの補助チャンネルとしそのスイッチとして2段階スイッチのSwFを設定します．また，後で行う飛行調整の

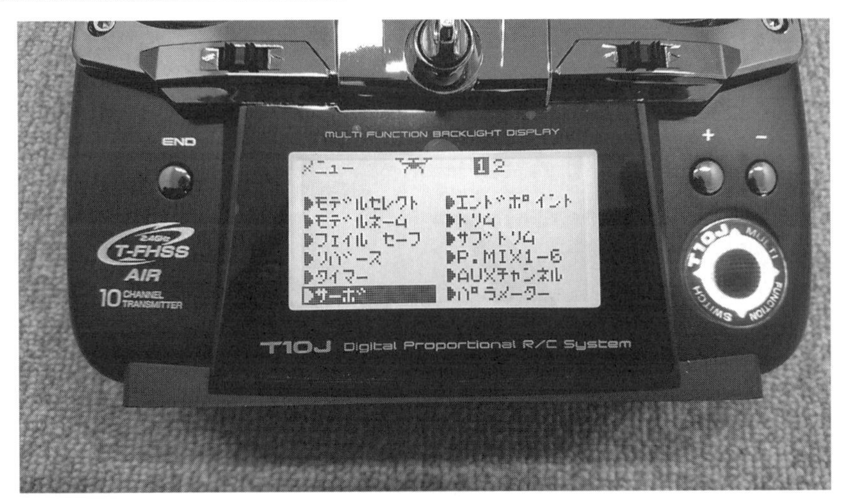

図 8.4　メニュー画面

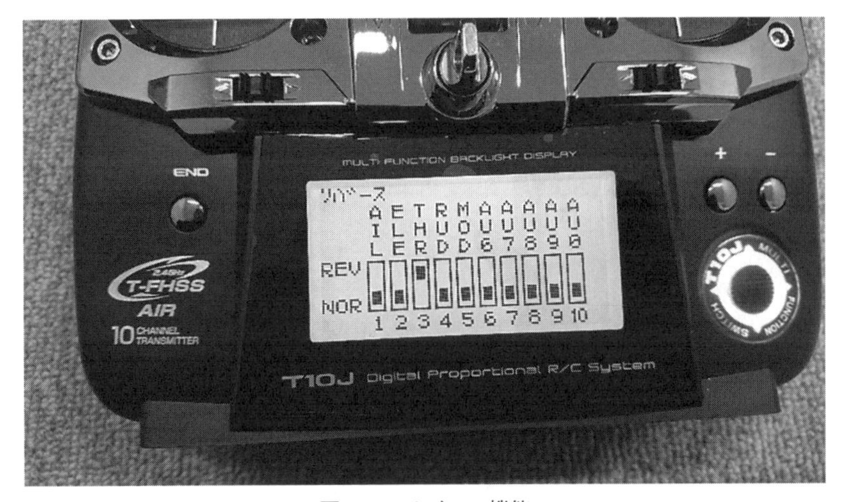

図 8.5　リバース機能

ために 6 ch に VR（ボリューム），8 ch に SwH を割り当てておきます．

（3）エンドポイント

エンドポイントは，各チャンネルの動作範囲を設定する機能です．ジョグキーの上下で ch を選択し，各 ch のスイッチ・レバーで＋側または－側を選択して，

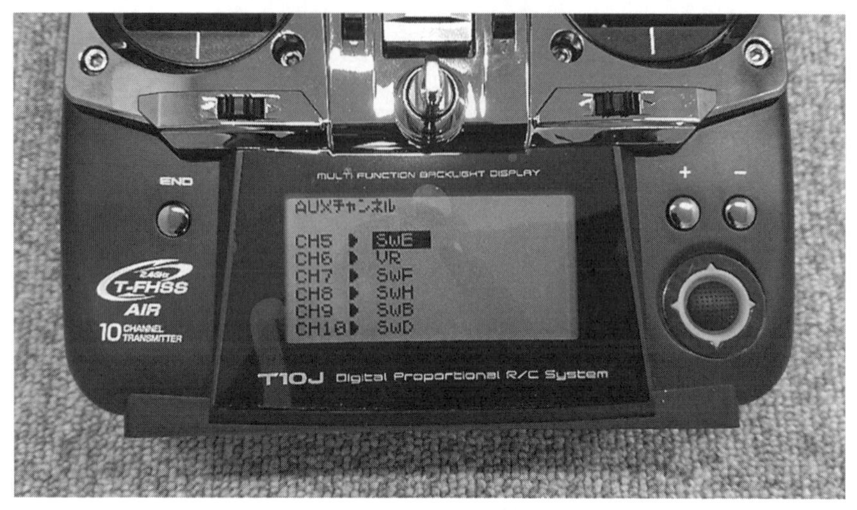

図 8.6　AUX チャンネル

図 8.7　エンドポイント

＋キーまたは－キーで動作範囲のレート（初期設定が 100 %になります）を設定します．

フライトモードの切換えのために 5 ch の動作範囲を設定した様子を図8.7に示します．

(4) プログラマブルミキシング

プログラマブルミキシングは，あるチャンネルの操作を別のチャンネルの操作に足し合わせる機能です．図 8.8 では六つのプログラマブルミキシングの選択画面です．ジョグキーの上下で P1–P6 を選び，ジョグキーを押し込むことでそれぞれの設定画面に進みます．ここでは P1 を選んでいます．P1 の設定画面では，ジョグキーでカーソルを動かして各項目を選び，＋キーおよび−キーで設定を選択します．

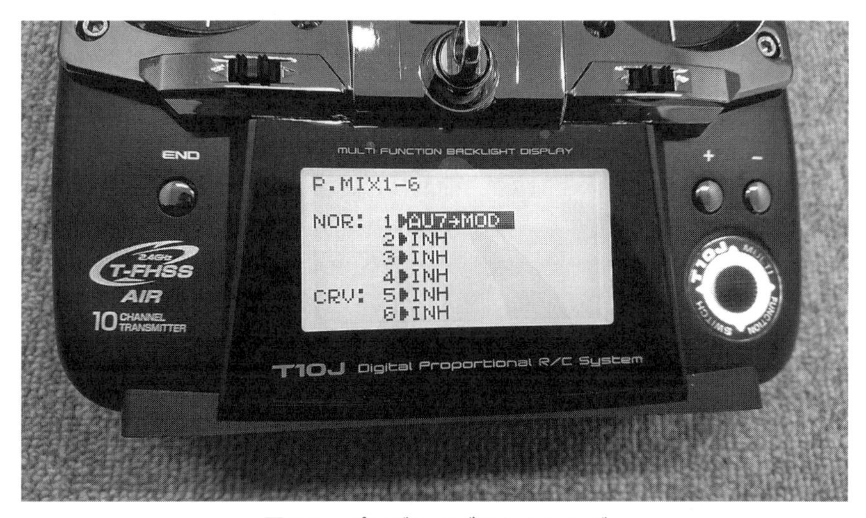

図 8.8 プログラマブルミキシング

P1 を使って，7 ch の動作を 5 ch に足し合わせることで，3 段階×2 段階＝6 段階の動作とし，フライトモード 1 からフライトモード 6 の六つのモードを選べるようにします．図 8.9 のように設定してください．

8.2 Mission Planner での設定作業準備

本節では，図 8.10 に示すように Mission Planner での設定準備について説明します．

PC で Mission Planner（MP）を立ち上げます．MP は，FC と接続している間，

図 8.9　P. MIX1 の設定

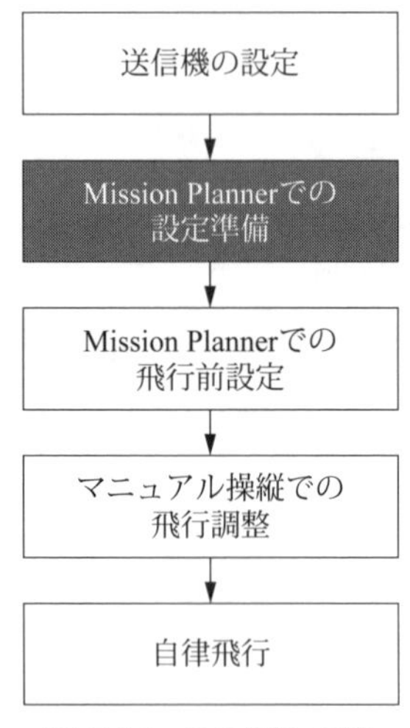

図 8.10　8.2 節の工程

テレメトリログとして接続中のデータを保存します．MP の上のメニューバーのうち「設定/調整」をクリックし，さらに左のメニューリストから「Planner」をクリックすると図 8.11 のようになります．図 8.11 の「参照」をクリックすると，ログの保存先フォルダを設定します．FC と接続する前にログの保存ファイ

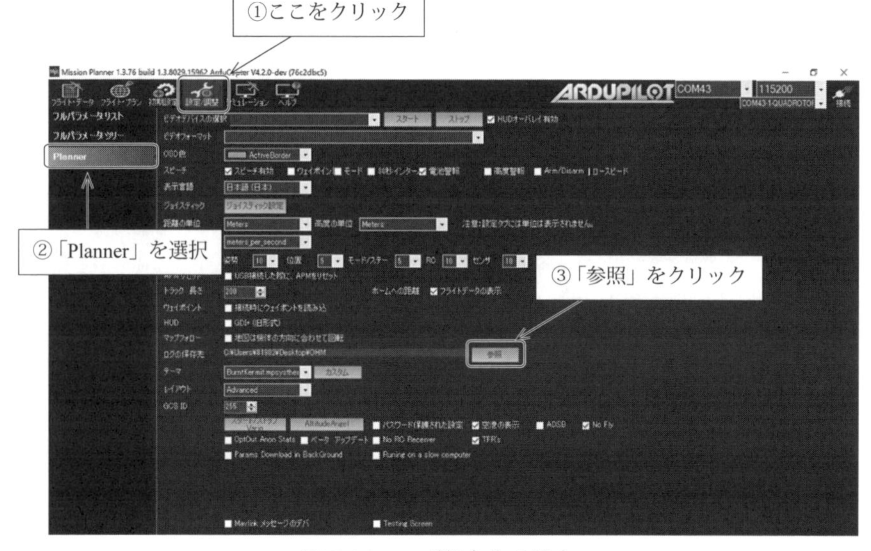

図 8.11　ログ保存先の設定

ルを指定しておきましょう．

次に，PCとFCをUSBケーブルで接続します．接続後，USBからの給電でFCが起動し，USBデバイスとして認識されます．

図 8.12 の右上にPCとFCを接続する設定項目が出ています．この図ではCOM23がMAVLinkとなっていますのでこちらを選択し，通信速度を115200に設定して右端の接続ボタンを押します．接続ができると**図 8.13** のように接続ボタンが緑のアイコンになります．

接続ができたところで，調整の準備をします．現在，FCはUSBケーブルでMission Plannerと接続していますが，以後の調整では機体を回転したり，飛行しながらの調整もありますので，そのときはテレメトリ通信を使います．そのための設定を行います．

Mission Plannerの上にあるメニューの「設定/調整」を選び，左のメニューリストから「フルパラメータリスト」を選びます．すると，**図 8.14** のように表示されます．

テレメトリ通信機は，FCの「TELEM1」ポートに接続しています．フルパラ

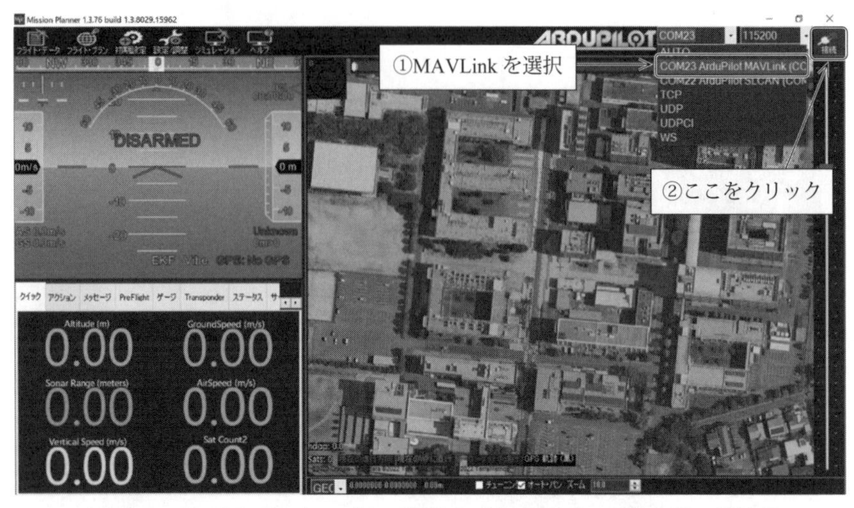

図 8.12　FC と USB ケーブルで接続するときのポート設定例：接続前

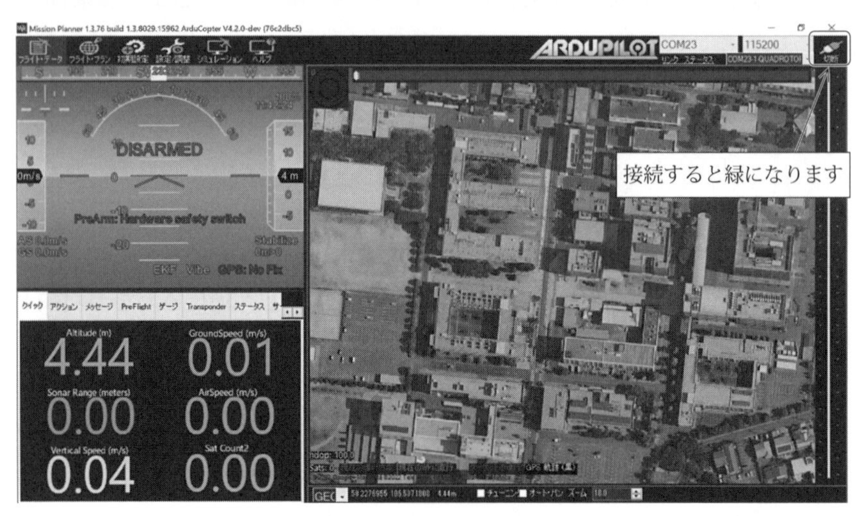

図 8.13　FC と USB を接続した後の Mission Planner の画面（口絵⑭）

メータリストの画面左側にある絞込み検索に「serial1」を入力します．すると，「TELEM1」ポートである serial1 の設定項目が表示されます（図 8.15）．ここで通信速度などを設定します．

今回の例では通信速度を 38400 bps にします．設定後，「パラメータ書込」ボタ

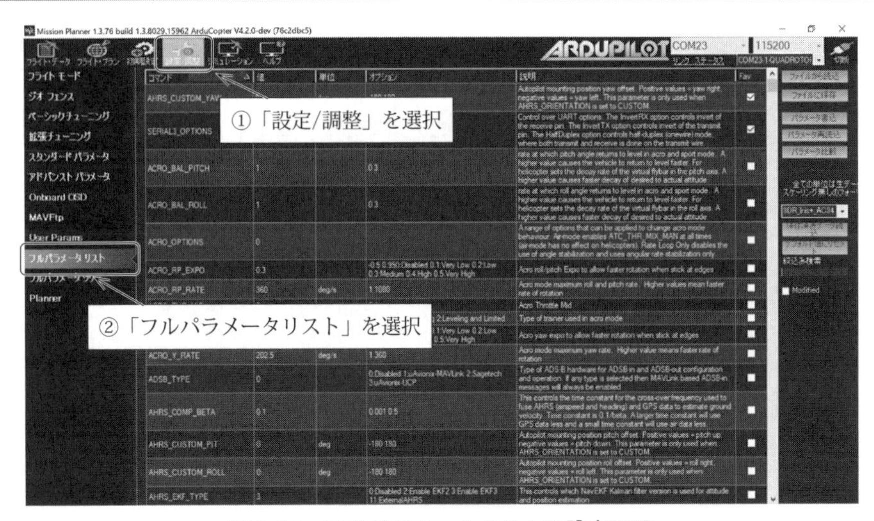

図 8.14　フルパラメータリストの設定画面

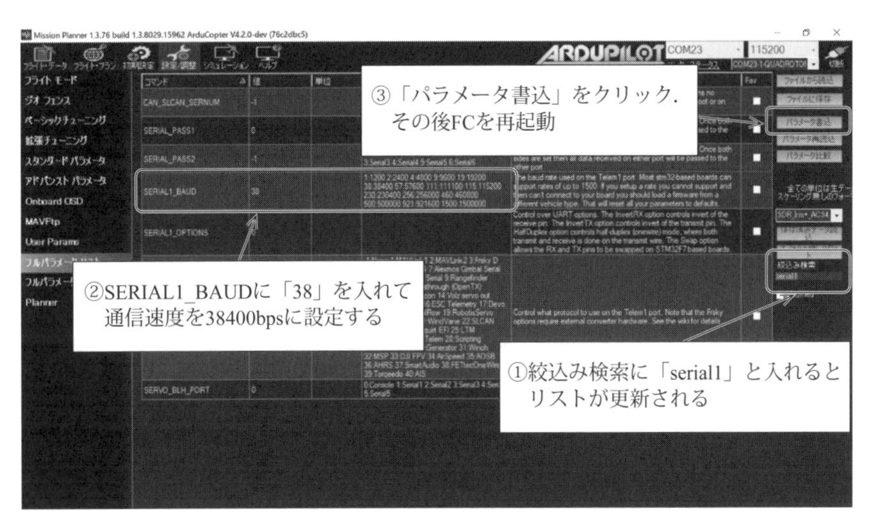

図 8.15　絞込み検索「serial1」の結果

ンを押して FC に設定を記憶させます．FC を再起動させたら，テレメトリ通信機を使って PC と FC を接続できるようになります．図 8.16 に serial1（TELEM1）の設定例を示します．

なお，フルパラメータリストの画面では，FC のパラメータ設定を PC 側のファ

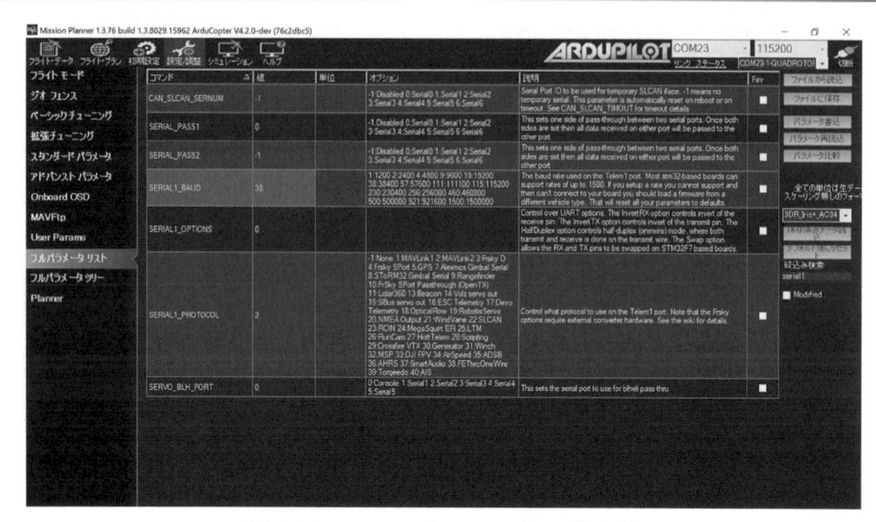

図 8.16　serial1（TELEM1）の設定例

イルに保存したり，PC に保存されているパラメータ設定ファイルを FC に設定することができます．

このフルパラメータリストの画面のように「パラメータ書込」のボタンがある場合は，パラメータの数値を更新した後に「パラメータ書込」をクリックすることで，FC にパラメータが書き込まれます．

8.3　MissionPlanner での飛行前設定

本節では，図 8.17 に示すように Mission Planner での飛行前に行う設定をしていきます．

設定は，MP のメインメニューの左側から 3 番目にある「初期設定」で行います．

8.3.1　フレームタイプ設定

まず，マルチコプタのフレームタイプを設定します．「初期設定」をクリックし，左側にあるリストの「必須ハードウェア」をクリックします．するとリストが展開されます．この中の「フレームタイプ」をクリックして設定を行います．図 8.18 はフレームタイプの設定画面です．

「フレームクラス」にあるマルチコプタの機体形式から 4 発機を選び，フレーム

図 8.17　8.3 節の工程

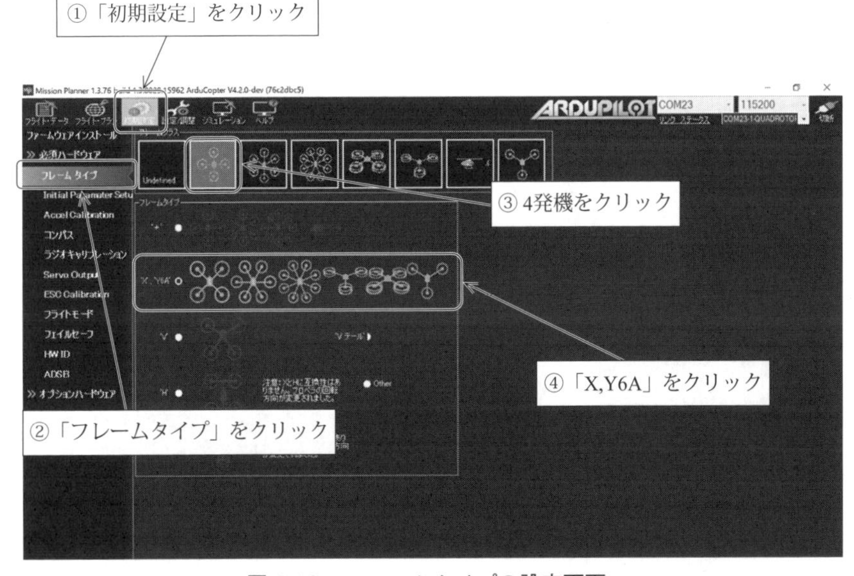

図 8.18　フレームタイプの設定画面

タイプから「X, Y6A」を選びます.

このフレームタイプの画面のように,「パラメータ書込」がない設定画面では,数値の変更やボタンをクリックすることで自動的にパラメータがFCに書き込まれて設定されます.

8.3.2 Initial Parameter Setupによる初期パラメータ設定

Initial Parameter Setupではプロペラ径やバッテリーのセル数に応じて，初期パラメータを設定します．図8.19にInitial Parameter Setupの様子を示します．本書の場合では，プロペラ直径を9 inch，バッテリーのセル数を4，ArduCopterのバージョンが4.0以上なら「Add suggested settings for 4.0 and up・・・」にチェックを入れて，「Calculate Initial Parameters」をクリックします．すると図8.20のダイアログに新しいパラメータが提案されます．問題なければ「Write to FC」をクリックしてFCに新しいパラメータをクリックします．うまく書込みができれば，図8.21のダイアログが表示されます．このダイアログは，初飛行後に修正するべきパラメータについて記述されています.

- ATC_THR_MIX_MANを0.5にする
- PSC_ACCZ_PをMOT_THST_HOVERの値と同じにする

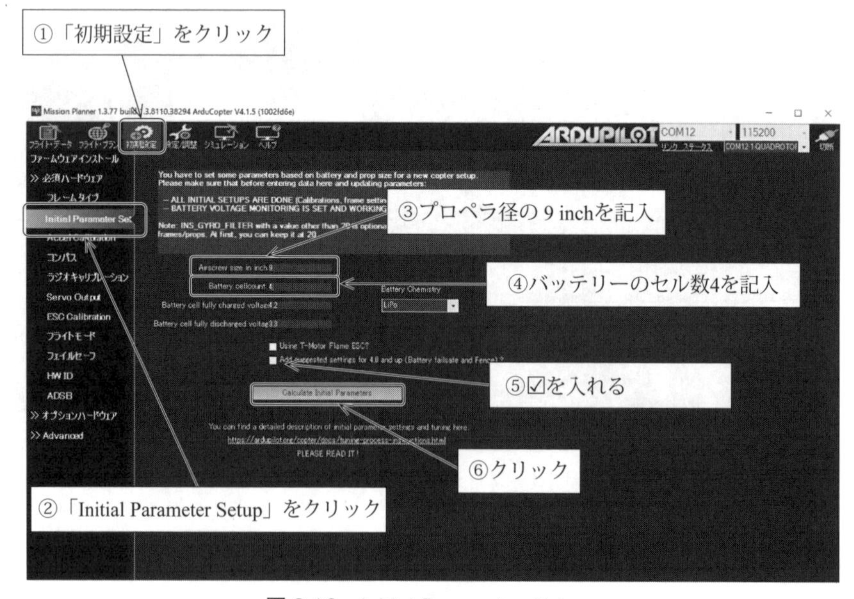

図8.19 Initial Parameter Setup

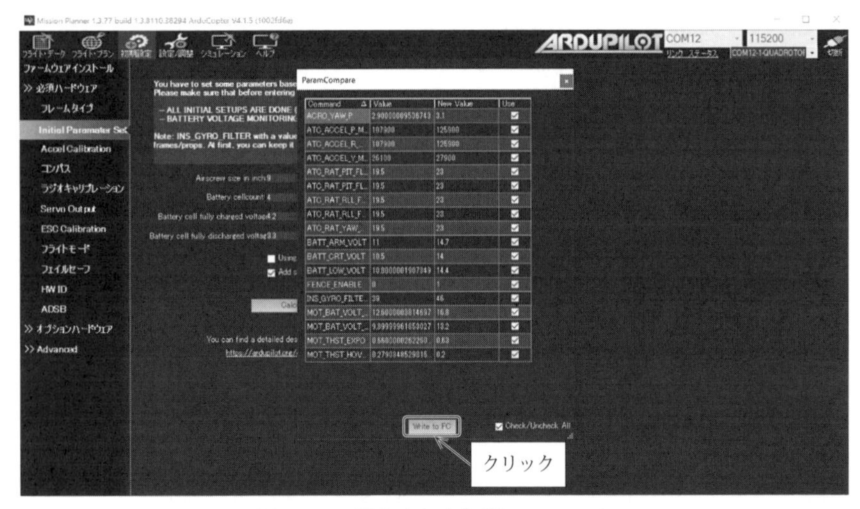

図 8.20　提案された初期パラメータ

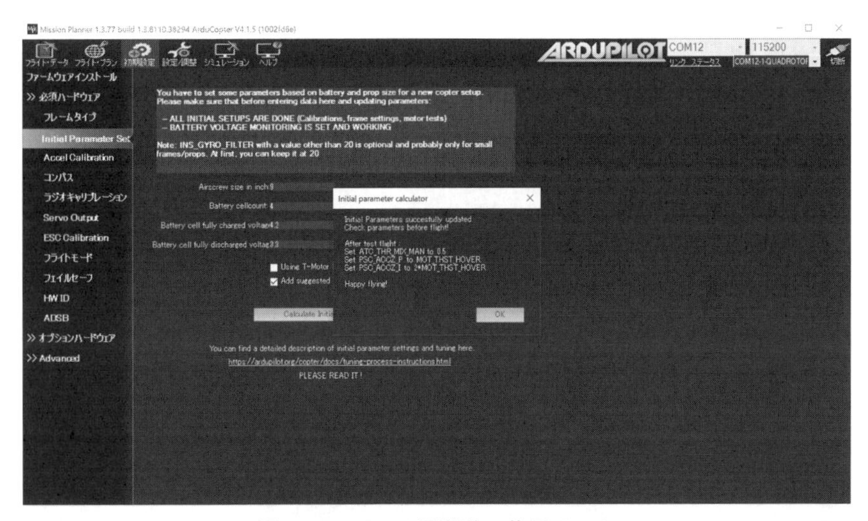

図 8.21　テスト飛行後の修正リスト

・Set PSC_ACCZ_I を MOT_THST_HOVER の値の 2 倍にする

これらの作業は，8.4.2 項「Stabilize モードでのホバリングによる振動計測」で行います．

8.3.3　加速度センサの較正

次に，FCの加速度センサの較正を行います．「初期設定」画面の左にあるリストの「Accel Calibration」をクリックします．図8.22に加速度センサの較正画面を示します．一番上の「Calibrate Accel」ボタンを押して，表示される指示に従って操作を行います．

まず，機体を水平に置いて，ボタンをマウスでクリックするか，リターンキーあたりを押します．ボタンをクリックする場合は複数回クリックしてしまう可能性があるので，リターンキーを押して進めるほうがよいですね．MPからの指示に従い，機体を水平→左側を下→右側を下→機首を下→機首を上→背面と順番に姿勢を変えながら，リターンキーを押していきます．成功すると「Calibration Success」と表示されます．

次に機体を水平に設置し，「Calibrate Level」を押して水平状態を較正します．

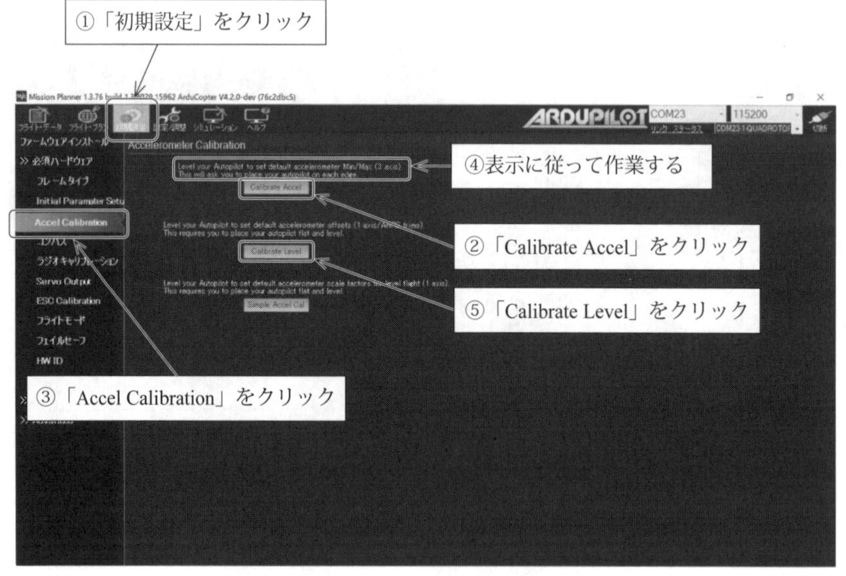

図8.22　加速度センサの較正画面

8.3.4　コンパスの較正

次はコンパスの較正を行います．コンパスの較正では機体を回しますのでUSB

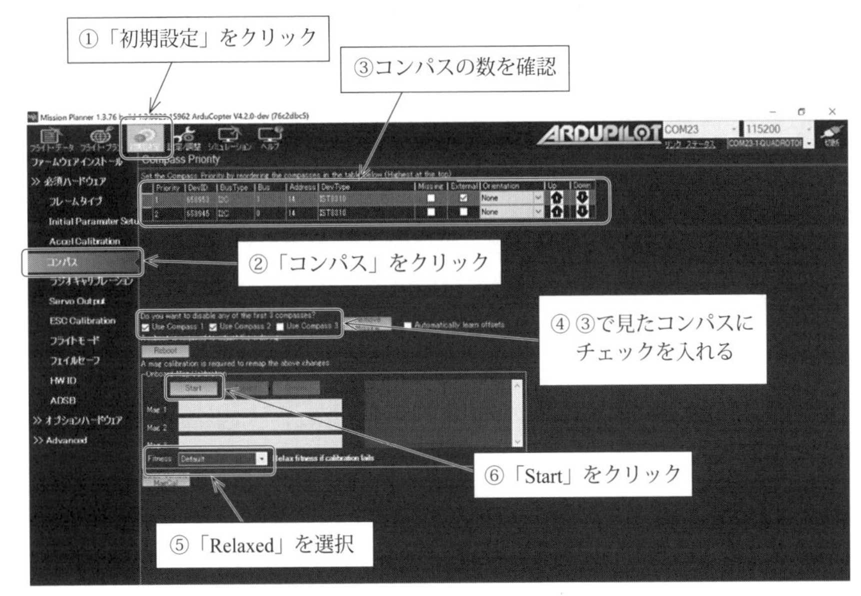

図 8.23　コンパスの較正画面

接続ではやりにくいです．そこで，バッテリーで FC を起動し，テレメトリで接続して較正します．

本書の例とした機体では FC の内部コンパスと GPS 内蔵の外部コンパスの二つがあります．**図 8.23** の上方に使用できるコンパスのリストが表示されています．1 が GPS 内蔵の外部コンパス，2 が FC の内部コンパスです．これら二つのコンパスを使うので，「Use Compass 1」と「Use Compass 2」にチェックを入れておきます．「Fitness」の設定は，「Default」ではなかなか較正が収束しませんので，「Relaxed」を選択します．

ここまで準備ができたら，「Start」ボタンを押します．

小型機での較正のやり方の一例を示します．まず機体を水平に持ち，上から見て 2 回転ゆっくりと回転させます．次に機体の右側を下にして，上から見て 2 回転ゆっくりと回転させます．以後，機体の左側，前方，後方，上面ごとに同様の操作を行います．この回転を行っていくと，図 8.23 の Mag 1 および Mag 2 のバーが伸びていきます．それぞれのバーが 99 %に達するとキャリブレーションが終わります．成功するとリブートをするように表示されます．失敗した場合はその表示がされます．キャリブレーションが成功したなら FC をリブート（再起動）して，次の操作に進みます．

8.3.5　ラジオキャリブレーション

続いて，ラジオキャリブレーションを行います．これは，受信機からの各チャンネルの操作量の最大値・最小値を計測します．送信機の電源を入れておきます．送信機からの信号を受信すると，受信機は S. BUS 信号の出力を開始します．**図 8.24** にラジオキャリブレーションの画面を示します．各チャンネルの PWM 信号のパルス幅がバーで表示されています．

図 8.24 の「ラジオキャリブレーション」と表示されたボタンを押すと，キャリブレーションが開始されます．ダイアログでの指示に従って作業を行います．送信機の各スティックやスイッチを操作すると，緑のバーがそれに連動して動きます．動きによって，最大値・最小値が赤線で表示されます．すべてのチャンネルで最大値・最小値が取れたところで「Complete」のボタンを押すことで，キャリブレーションが終了します．

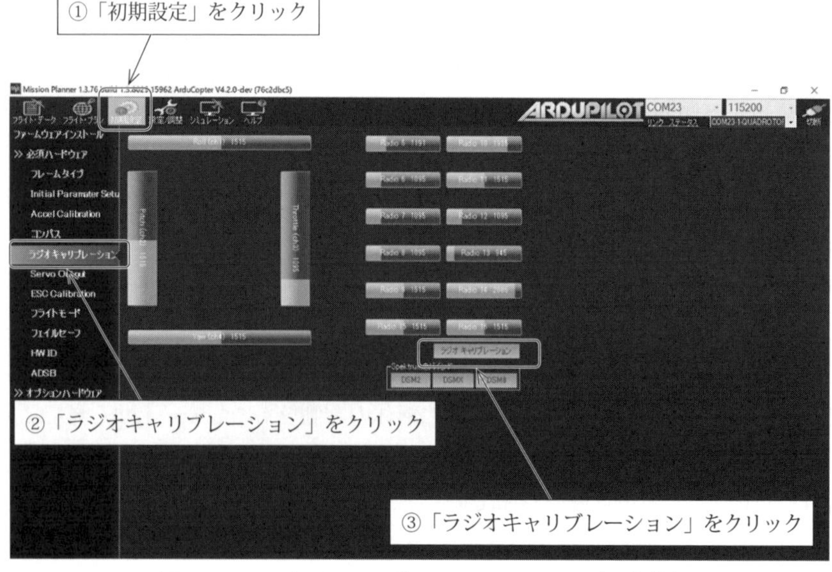

図 8.24　ラジオキャリブレーションの画面（口絵⑮）

8.3.6　フライトモード設定

図 8.25 にフライトモードの設定画面を示します．ArduCopter の初期設定では，送信機の 5 ch の信号でフライトモードを変更します．フライトモードにはモード 1 からモード 6 までの 6 種類が設定されます．送信機の 5 ch を操作すると，そのパルス幅に応じてモード 1 から 6 のどれかのリストボックスが選択されます．リストボックスには各モードが用意されていますが，モード 1，2 は「Stabilize」，モード 3，4 は「Alt_Hold」，モード 5 は「Pos_Hold」，モード 6 は「Auto」を選択します．選択が終わったら「モードの保存」ボタンを押します．

送信機の 5 ch でフライトモードを切り換えると，MP では「フライト・データ」を選択したときの HUD（Heads−up Display；MissionPlanner では機体姿勢や機種方向・高度といった機体情報やフライトモードや警告メッセージなどが表示されている部分です）において，現在のフライトモードが表示されます（図 8.26）．

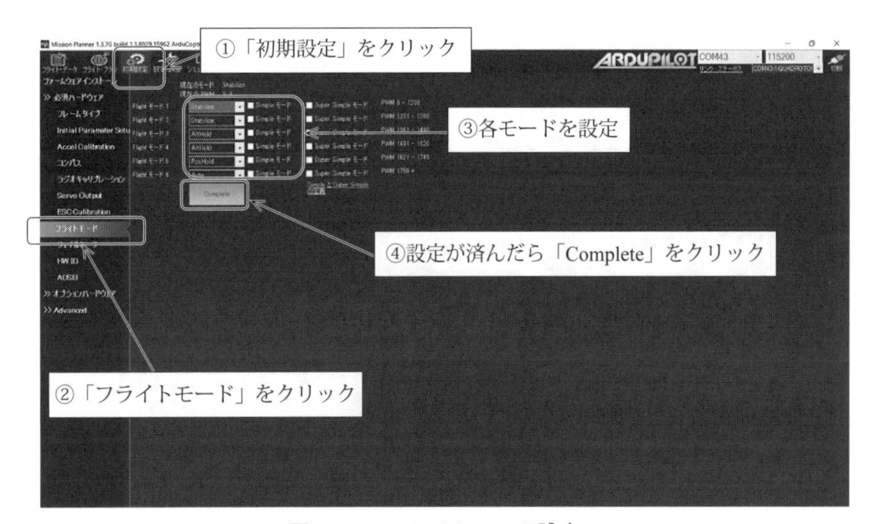

図 8.25　フライトモード設定

8.3.7　フェイルセーフの設定

ArduPilot には，何らかの障害が発生したときにあらかじめ設定した動作で安全に帰還したり着陸するようにするフェイルセーフ機能が用意されています．

ここでは，ラジコン送信機からの電波が届かなくなった場合やバッテリーの電

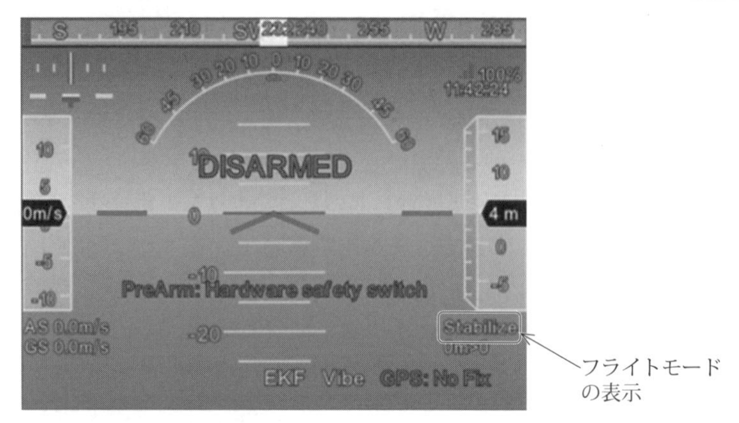

図 8.26　HUD でのフライトモード表示

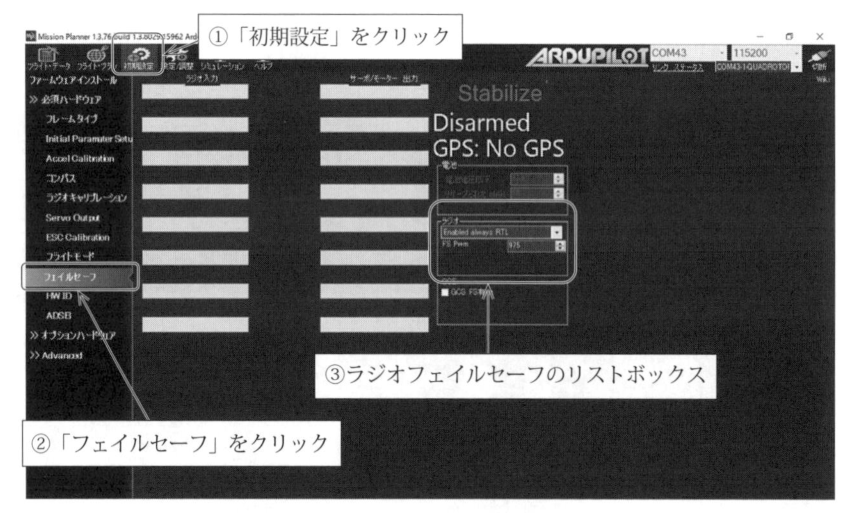

図 8.27　フェイルセーフの設定画面

圧が急激に下がった場合の設定について説明します．

まず，送信機の電波遮断時に発動するラジオフェイルセーフの設定を紹介します．

フェイルセーフは，図 8.27 に示す「初期設定」メニューの「必須ハードウェア」にある「フェイルセーフ」で設定できます．図 8.28 の枠で示すラジオのリストボックスで，ラジコン送信機からの電波が途切れたときの動作として以下を

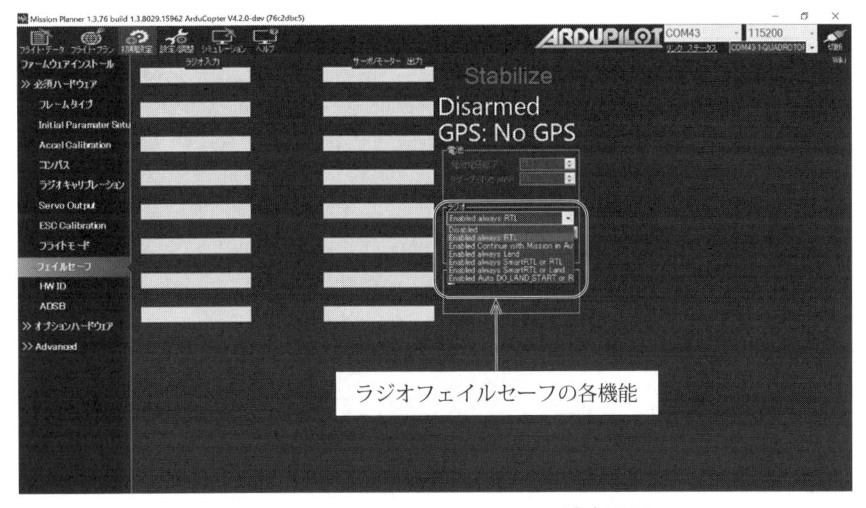

図 8.28　ラジオフェイルセーフの設定画面

選択できます．

・Disabled：何もしない
・Enabled always RTL：RTL（Return To Launch）で Home（通常は Arm した場所）に戻る
・Enabled Continue with Mission in Auto Mode：Auto モードのミッションを継続する
・Enabled always Land：その場で着陸する
・Enabled always SmartRTL or RTL：SmartRTL または RTL を実行する
・Enabled always SmartRTL or Land：SmartRTL またはその場で着陸する
・Enabled Auto DO_LAND_START or RTL：着陸を開始する，または RTL を実行する

※ DO_LAND_START は，Plane で使われるコマンドです．

通常は，Enabled always RTL を選んでおけばよいでしょう．

次にバッテリーフェイルセーフについて説明します．これは，バッテリーの電圧をモニタリングして，設定した閾値以下になったときに発動するフェイルセーフです．バッテリーフェイルセーフを実行するには，バッテリーモニタの設定が必要です．

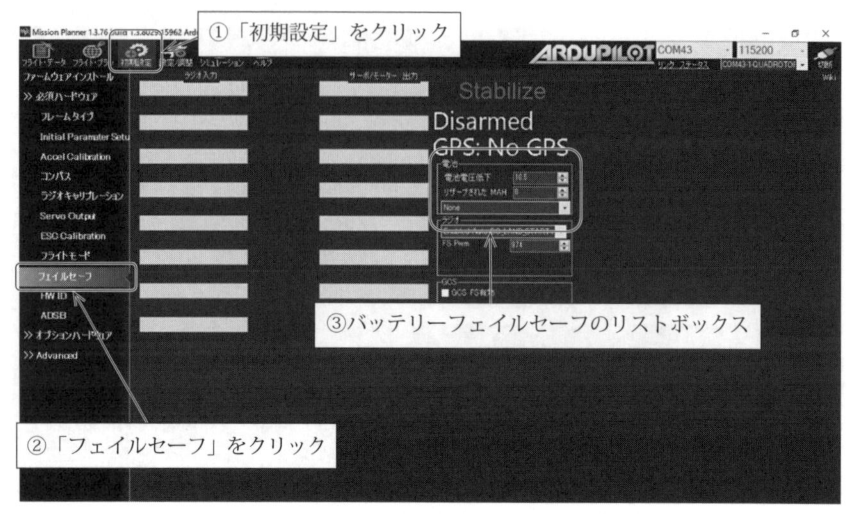

図 8.29　バッテリーフェイルセーフの設定（その 1）

設定は図 8.29 に示すように,「初期設定」>「必須ハードウェア」>「バッテリモニタ」を選んで行います.

モニタは「Analog Voltage and Current」, センサは「9：Holybro Pixhawk4 PM」, APM Ver は「0：CUAV V5/Pixhawk4 or APM1」を設定します. その後に, 使用するバッテリーの容量を電池容量に記入します. ここまで設定が終わったら, FC を再起動して MP に再度接続します. バッテリーモニタの設定がうまくいけば, フライト・データの HUD の下に電圧が表示されます（図 8.30).

次にフェイルセーフ設定に戻ると, **図 8.31** に示すように電池の枠内にフェイルセーフ発動時の動作を設定するリストボックスが増えています. このリストボックスの中身はラジオフェイルセーフと同じです. ここでは RTL を設定しておきましょう.

以上でフェイルセーフの設定は終わりですが, もっと詳細な設定が可能です. こちらの URL で確認してください.

https://ardupilot.org/copter/docs/failsafe-landing-page.html

8.3.8　モータ動作の確認

ArduCopter では安全のためにセーフティスイッチが用意されています. 本書の

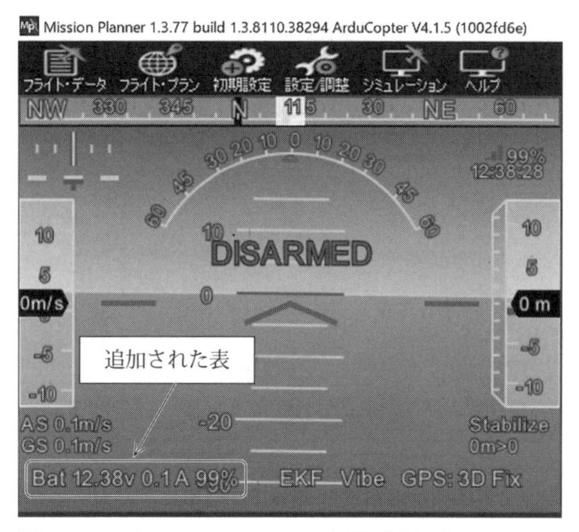

図 8.30　バッテリーモニタの表示が追加された HUD

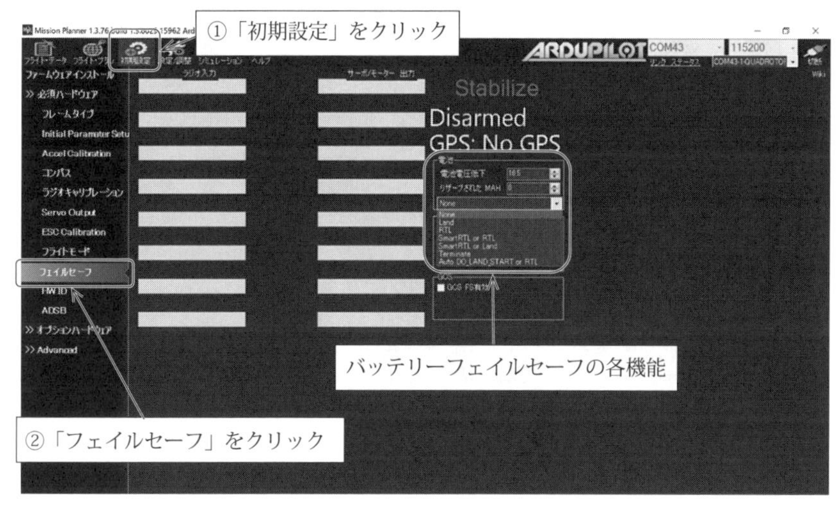

図 8.31　バッテリーフェイルセーフの設定（その 2）

例では，GNSS にセーフティスイッチがついています．図 8.32 は，セーフティスイッチがオフのときの GNSS の様子です．セーフティスイッチは赤色点滅をしており，GNSS の LED も黄色点滅をしています．セーフティスイッチをしばらく長押しすると音がします．すると，点滅していた赤色 LED が連続点灯になりま

図 8.32　セーフティスイッチオフの場合
（GNSS は黄色点滅，セーフティスイッチは赤色点滅）

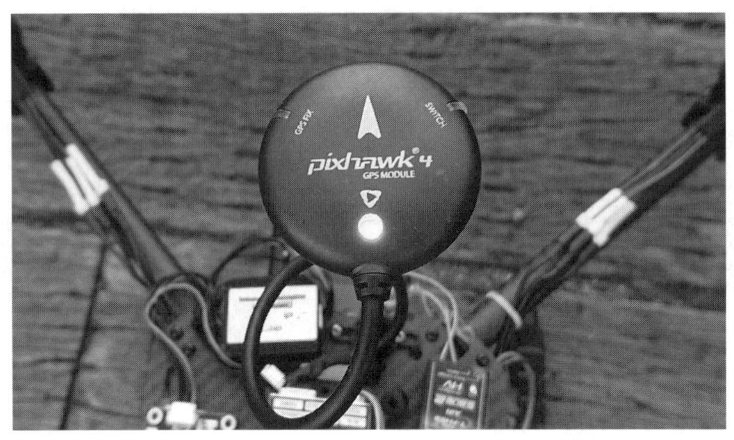

図 8.33　セーフティスイッチオンの場合
（GNSS は緑色点滅，セーフティスイッチは赤色点灯）

す．この状態になると，FC がモータを回転させることが可能になります．

またGNSSの受信状態が安定していると，黄色点滅だったLEDが緑色点滅になります（図 8.33）．この場合 GNSS を使った位置制御や自動航行が可能です．GNSS の受信状態が悪い場合は，青色点滅になります．この場合は GPS が使えないので位置制御や自動航行はできません．GNSS の受信状況が安定すれば，緑色点滅になり GNSS を使った位置制御や自動航行が可能になります．

モータが回転可能になったので，モータの回転方向を確認します．プロペラはまだ取り付けません．取り付けている場合は外してから，以下の確認を行ってください．

MP（Mission Planner）にはモータの動作確認をする機能があります．

https://ardupilot.org/copter/docs/connect-escs-and-motors.html#checking-the-motor-numbering-with-the-mission-planner-motor-test

この機能を使って，モータの動作確認をします．

ラジコン送信機のスイッチを入れた状態で，機体側にバッテリーを接続して起動します．起動後，テレメトリにてMPと接続してください．接続後，MPの初期設定メニューで「オプションハードウェア」をクリックし，リストを表示させます．リストの中に「モーターテスト」があります．図8.34にモータテストの画面を示します．

モータテストでは，右前のモータをA，右後ろのモータをB，左後ろのモータをC，左前のモータをDと，時計回りに割り当てています．スロットルの値を7〜10 %の値に設定し，時間は2秒のままにします．A〜Dのボタンを押すと，警告音の後に押されたボタンに対応したモータが回転します．このモータの回転方向を確認します．回転方向は図8.35のようになっていればOKです．もし逆の

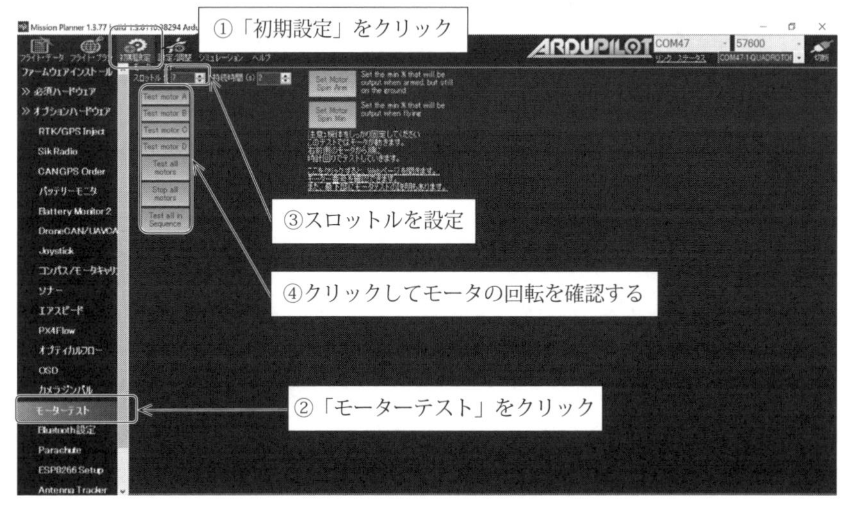

図8.34　モータテスト

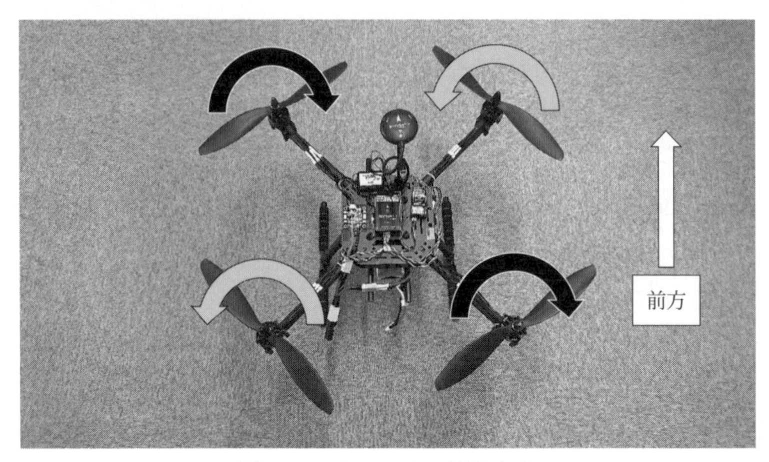

図 8.35　各モータの回転方向

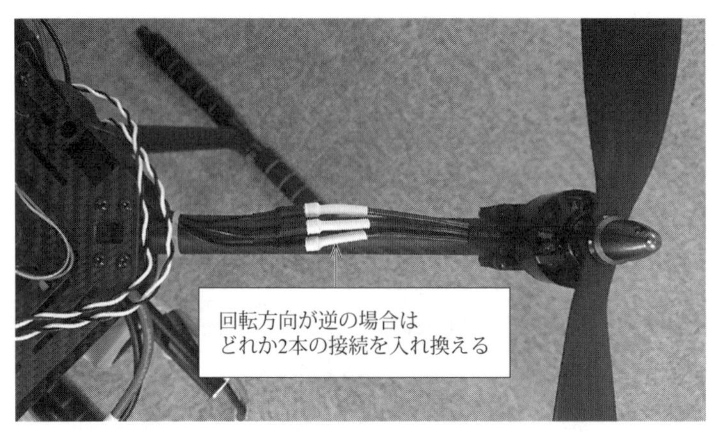

図 8.36　モータケーブル

場合は，**図 8.36** に示すようなモータの 3 本の電線のうち，2 本の ESC との接続を入れ換えてください．この作業を各モータで確認します．各モータの回転方向の確認・修正が終わったら，次の作業に移ります．

次に Arm/Disarm の確認をします．ArduPilot では安全のために，操縦でモータが回転可能な状態にすることを「Arm」，操縦でモータが回転できない状態にすることを「Disarm」といいます．マルチコプタも「Arm」することで飛行可能になります．

https://ardupilot.org/copter/docs/arming_the_motors.html

Armの手順は以下のようになります．

まず，送信機のスロットルを一番下にした状態で，エルロン・エレベータをニュートラルし，ラダーを右いっぱいに入れて5秒保ちます（図8.37）．すると警告音がしてモータが低速で回転し始めます．これでArmが完了しました．MPのHUDにArmしたことが表示されます（図8.38）．その後，HUDの表示から「ARMED」の文字が消えます（図8.39）．

次にDisarmの方法ですが，機体を着陸させた後スロットルを一番下にし，ラダーを左いっぱいに入れて2秒維持します（図8.40）．すると警告音が出てモータが止まり，GPSの赤色LEDが点滅に代わります．これでDisarmが完了しました．MPのHUDにも表示されます（図8.41）．

Arm/Disarmの操作は，この方法以外にもあります．一つは，送信機のCh7～10にArm/Disarmを割り当てる方法です．図8.42はMPの「調整/設定」メニューにある「拡張チューニング」の画面です．図中に矢印で示している部分は，送信機のCh7からCh10に機能を設定する部分です．例としてCh10にArm/Disarmを設定しています．図8.42のように送信機のCh10をSwDに割り当てると，SwDが上でDisarm，下でArmとなります．これは便利ですが，誤動作もありますので注意してください．

もう一つは，MPから行う方法です．「フライト・データ」の画面でHUDの下のタブから「アクション」を選びます（図8.43）．このタブの中のボタンにArm/Disarmがあります．これを操作することでMPからのArm/Disarmが行えます．

8.4 マニュアル操縦での飛行調整

ここからは実際にマルチコプタを飛行させながら設定を行っていきます．これは図8.44でハイライトした部分にあたります．設定項目を以下に示します．

1. Stabilizeモードでのホバリングによる振動計測
2. Stabilizeモードでのホバリングによるトリム調整
3. Alt_Holdモードによる高度制御の調整
4. 姿勢制御のパラメータ調整

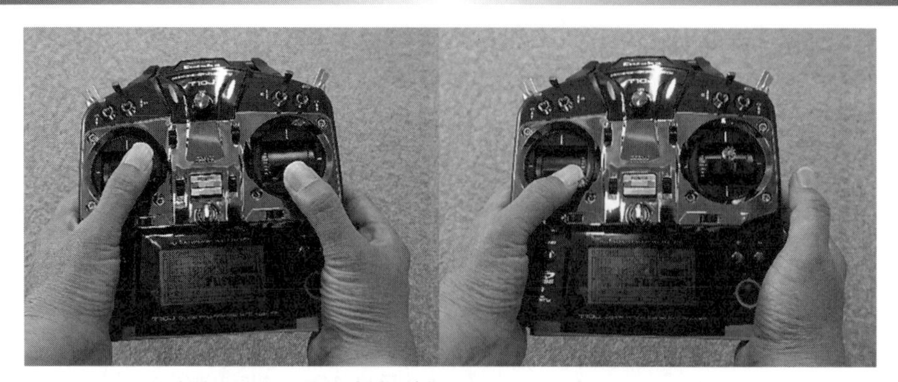

図 8.37　Arm の操作（左：モード 1，右：モード 2）

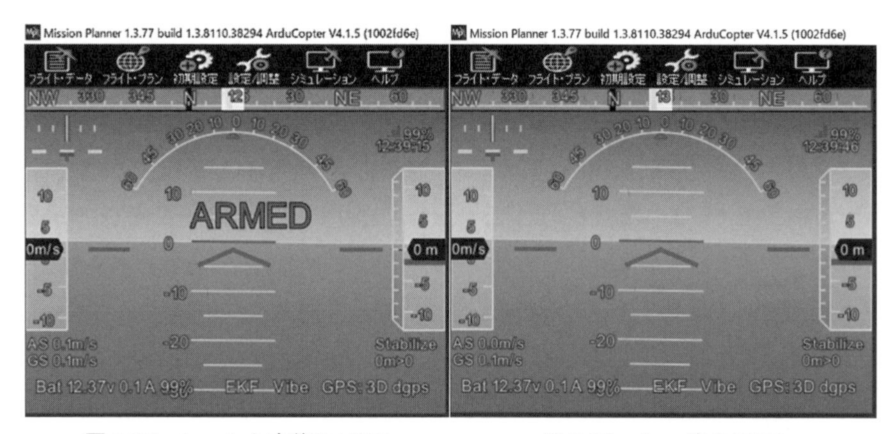

図 8.38　Arm した直後の HUD

図 8.39　Arm 後の HUD

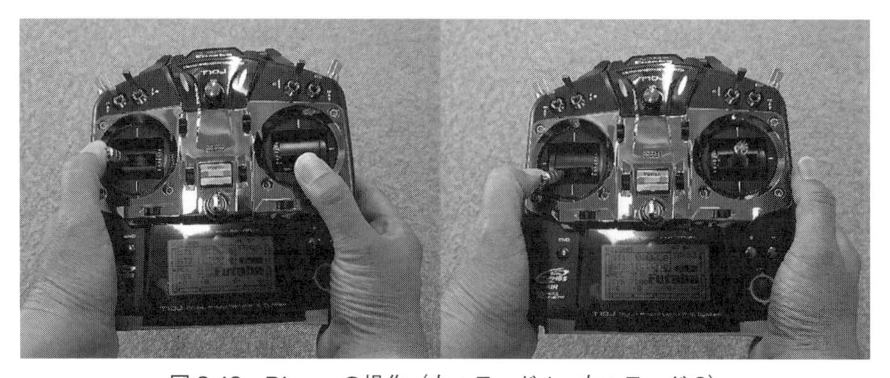

図 8.40　Disarm の操作（左：モード 1，右：モード 2）

図 8.41　Disarm 後の HUD

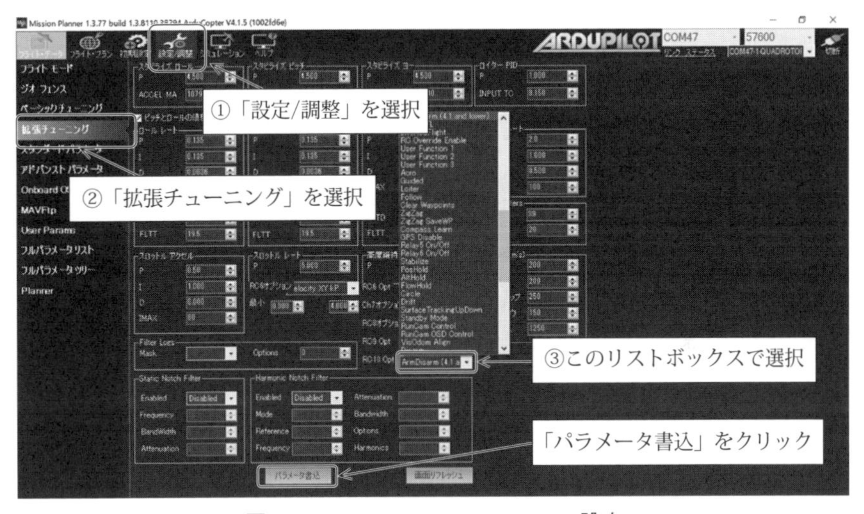

図 8.42　Ch10 での Arm/Disarm 設定

5. Pos_Hold モードによる位置制御の調整
6. Auto モードでの自動操縦

これらの項目について順番に行っていきます．

8.4.1　飛行しながらの調整

いよいよ飛行を行います．フライトモードの Alt_Hold や Pos_Hold では高度制

図 8.43　MP での Arm/Disarm

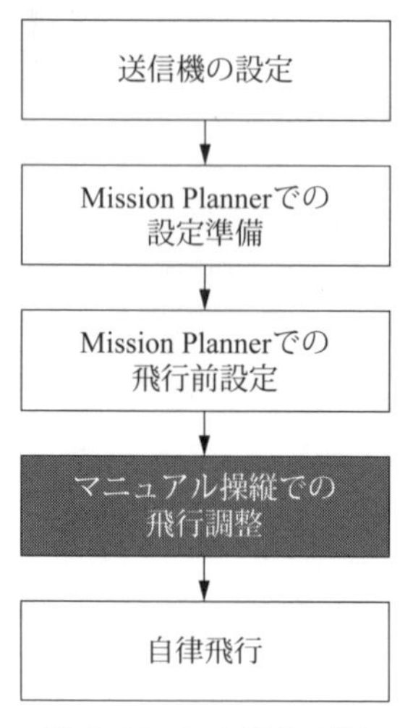

図 8.44　8.4 節の工程

御が作動するのですが，FC の防振が不十分な場合では高度制御が誤動作することがあります．それを防ぐために，まずはフライトモードは Stablize にして調整を行っていきます．マルチコプタの操縦経験がある方は，スロットルによる高度の維持に注意しながらホバリングを行ってください．マルチコプタの操縦経験が

図 8.45　初飛行テストでのマルチコプタの設置位置

ない方は，ある程度飛行練習を行ったうえで臨んでください．次に掲げる ArduCopter のサイトも参考になります。

https://ardupilot.org/copter/docs/ac_tipsfornewpilots.html

飛行は以下のように行ってください．マルチコプタにバッテリーを接続して起動し，MP はテレメトリを使って接続しておきます．機体は水平な地面に設置します．このときマルチコプタの向きに注意します．**図 8.45** のように安全な距離（10 m くらい）を空けてマルチコプタの後ろで操作します．

次に Arm します．このときスロットルは一番下にした状態で Arm しますので，Arm 後モータが回転し始めるまで，スロットルを一番下にしておいてください．

モータが回転し始めたら，徐々にスロットルを上げていきつつ，機体の挙動を見ます．機体が浮きそうになったときに，機体が傾くことがあります．これは，機体の一部が草などにひっかかっているか，機体の重心が中心位置からずれていることが原因です．例えば，機体が後ろに傾きそうならエレベータを前に少し入れる，機体が右に傾きそうならエルロンを左に少し入れる，といった感じで「カウンター」を当てながらスロットルを上げていき，機体を浮上させます．ただ，本書で製作した小型機の場合，初期設定のパラメータでも機体が大きく振動した

図 8.46 ホバリングの様子

り，舵の効きが鈍いといったことはありません．

8.4.2 Stabilize モードでのホバリングによる振動計測

次は FC にかかる振動を計測します．FC に内蔵された加速度センサの計測値が一定の範囲内に収まっているかどうか確認します．

次の HP の内容に沿って作業を行います．

https://ardupilot.org/copter/docs/common-measuring-vibration.html

今回は初めての調整を対象としていますので，マルチコプタを Stabilize モードで離陸させ，30 秒間以上なるべく一定の高度と位置を保つようにホバリングを行ってください（図 8.46）．マルチコプタの操縦の経験がない方は，数分の通常の飛行を行ってください．ホバリングが終わったら，機体を着陸させて Disarm し，バッテリーを外して電源を切ります．

次に USB ケーブルで FC を PC につなぎ，MP を FC に接続します（図 8.47）．「フライト・データ」の画面，左下のタブから「データフラッシュ・ログ」をクリックします（図 8.48）．フラッシュデータのダウンロードを行うのでボタンを押します（図 8.49）．

すると図 8.50 のダイアログが出ます．

図 8.47　PC と FC の接続

図 8.48　データフラッシュ・ログのダウンロード

最新のログにチェックをつけて「これらのログをダウンロード」ボタンを押します．するとダウンロードが始まります．

ダウンロード先は，MP の設定・調整の Planner メニューにあるフォルダ設定の場所になります．ダウンロードが終わったら，図 8.48 の「ログのレビュー」をク

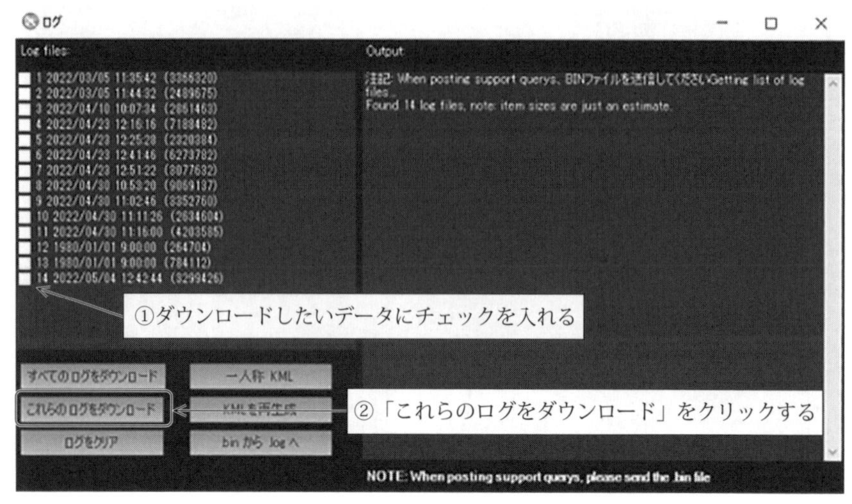

図 8.49　フラッシュログのダイアログ

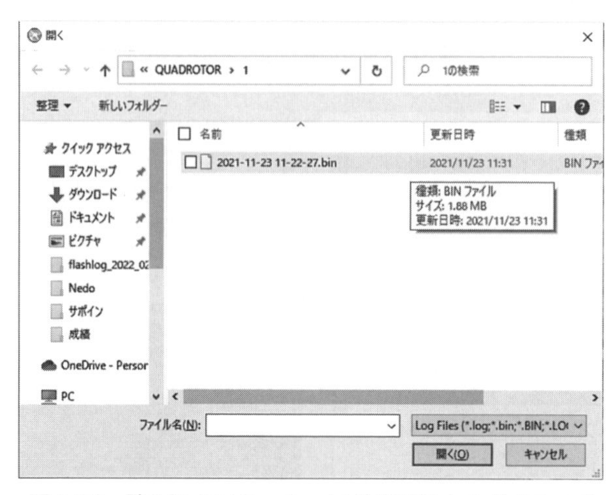

図 8.50　読み込むフラッシュログを選択するダイアログ

リックします．図 8.50 のダイアログが出るので，ログファイルを選びます．すると**図 8.51** のウインドウが出ます．

図 8.51 の下部には各種表示のチェックボックスとリストボックスがあります．図 8.51 ではマップ表示のチェックボックスが選択されており，右側に飛行軌跡が地図上で表示されています．

図 8.51　ログブラウザ

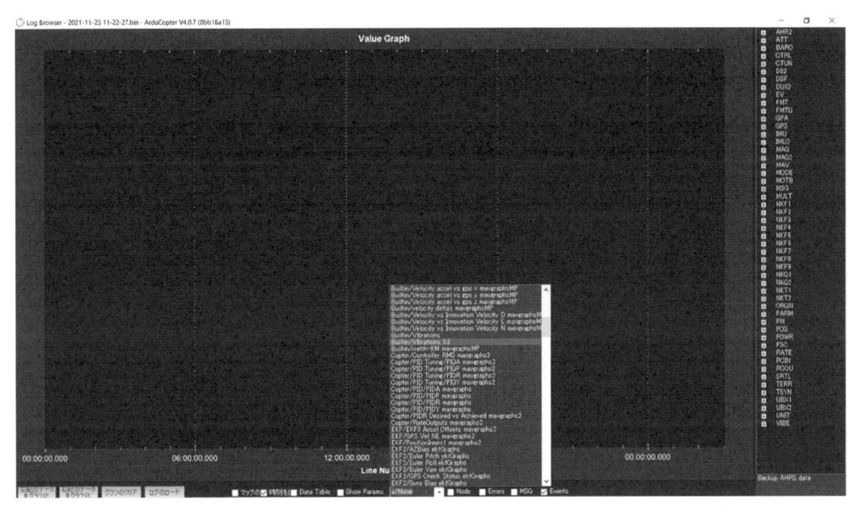

図 8.52　データセットの選択

また，リストボックスにはデータフラッシュ・ログに記録された各種データを表示するデータセットの設定が用意されています．ここでは，FC の加速度センサの値から FC の振動を見てみます．

リストボックスから「Vibration 3.1」を選ぶ（図 8.52）と，図 8.53 のように

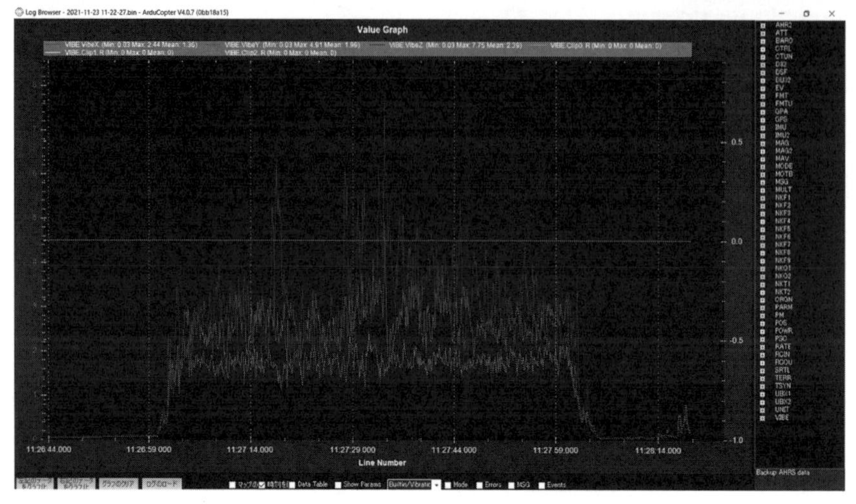

図 8.53　Vibration 3.1 の表示

なります．

このグラフで振動レベルを確認します．グラフの上側に凡例が表示されます．このグラフは加速度センサからの x，y，z 方向の振動の計測値 VibeX，VibeY，VibeZ を示しています．これらは，加速度センサの出力の標準偏差を m/s^2 で示しています．加速度センサのそれぞれの計測値が最大限界（16 G）に達するたびに Clip0，Clip1，Clip2 の値が増えていきます．理想的には，これらは飛行全体で 0 である必要があります．ログを通じて定期的に数値が増加する場合は，FC の搭載方法を修正する必要があります．2.4 節の内容を考慮して，FC の固定方法や各種ケーブルの引き回しを確認・変更し，再度測定を行って範囲内に収まるようにします．

固定方法についてはこちらも参考にしてください．

https://ardupilot.org/copter/docs/common-vibration-damping.html

さて，振動レベルが問題なければ，8.3.2 項「Initial Parameter Setup による初期パラメータ設定」の図 8.21 に表示されたパラメータの修正を行います．

・ATC_THR_MIX_MAN を 0.5 にする

・PSC_ACCZ_P を MOT_THST_HOVER の値と同じにする

・PSC_ACCZ_I を MOT_THST_HOVER の値の 2 倍にする

これらはフルパラメータリストにて，設定してください．

8.4.3 Stabilize モードでのホバリングによるトリム調整

マルチコプタを浮上させたところでスロットル操作により高度を一定に保ちながら，機体を1か所にとどめるようにホバリングを行います．このとき，重心のずれにより機体が傾いたり移動しますが，様子を見ながらホバリングを行い，いったん着陸してDisarmします．機体の傾きや移動がある場合は，トリムの調整をします．調整の方法は，SaveTrimとAutoTrimがあります．

SaveTrimは実際に飛行しながら送信機のトリム機能で調整し，そのトリム量をFCに記憶させる方法です．

https://ardupilot.org/copter/docs/autotrim.html#save-trim

AutoTrimは，実際に飛行させながらステックで位置保持を行い，そのときの舵の中央値を自動的に読み取って保存する方法です．

https://ardupilot.org/copter/docs/autotrim.html#auto-trim

ここでは，SaveTrimをやってみます．SaveTrimの機能は，Ch7～10に割り当てることができます．ここでは，Ch8を使うことにし，スイッチとしてHを割り当てます．

割当ては図8.54，8.55，8.56のように行います．「SaveTrim」を選んだ後，「パラメータ書込」をクリックしておきます．

次に，マルチコプタをバッテリーで起動し，テレメトリでMPと接続します．

ラジオキャリブレーションの画面で，Ch8の値を確認します．スイッチHがLow（触っていない場合）で値が1 800未満で，スイッチHがHi（ばねに逆らって引いた状態）で値が1 800以上であればOKです．

設定後，マルチコプタをホバリングさせて，送信機でトリムを調整します．調整が終わったら機体を着陸させてスロットルを一番下にした後，Ch8のスイッチHを1秒以上Hiにしてから戻します．MPのフライトデータ画面でタブをメッセージにすると，トリムが保存されたことが表示されます（図8.57）．トリムが保存されていたら，送信機のトリムを0に戻して，再度ホバリングします．

水平が保たれておらず，位置がずれるようなら，トリム調整と保存を繰り返します．

水平が保たれ位置がずれないようなら，トリム調整は終了です．

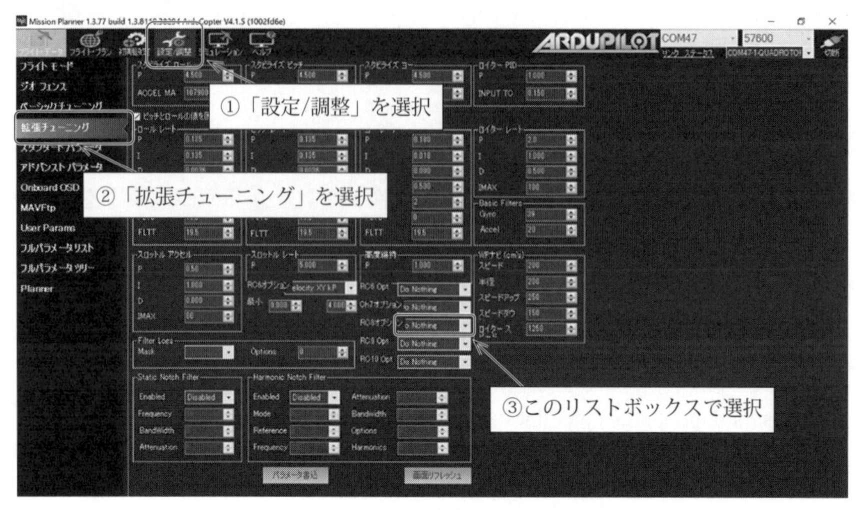

図 8.54　RC8 オプションの設定

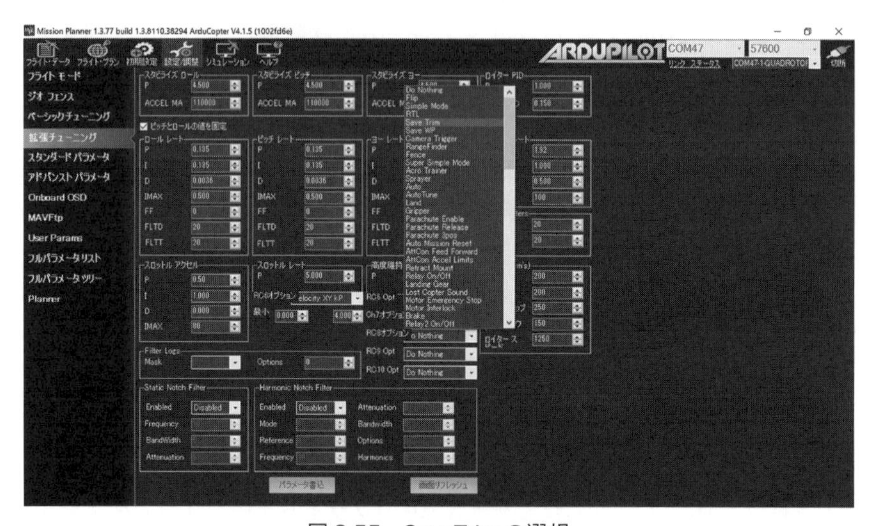

図 8.55　SaveTrim の選択

8.4.4　Alt_Hold モードによる高度制御の調整

FC の振動対策とトリム調整が終わったら，高度制御での飛行を試します．高度制御は Alt_Hold モードで実行されます．Alt_Hold モードでは，スロットルレ

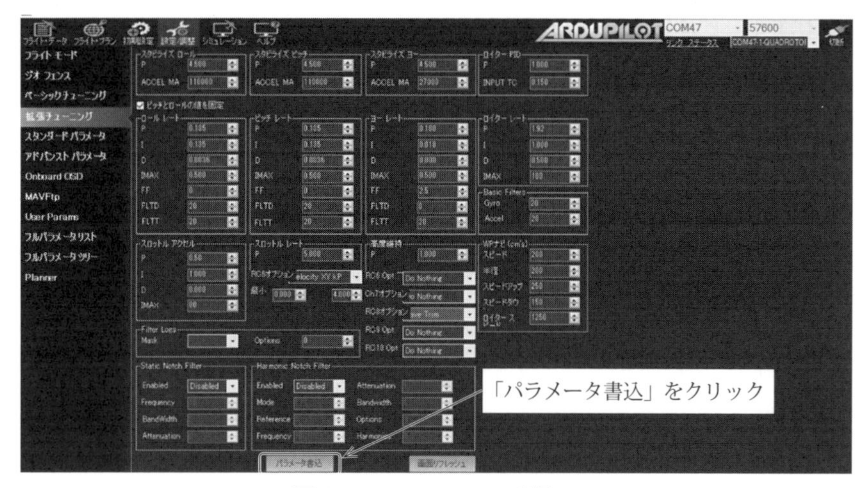

図 8.56　SaveTrim の書込み

図 8.57　トリムの保存の確認

バーの入力は速度命令となります．中央付近では上下の移動速度が 0 で高度を維持します．スロットルを上げていくと，上げた量に比例した上昇速度の命令となります．同様にスロットルを下げていくと，下げた量に比例した下降速度の命令になります．ご注意ください．

テストの手順としては，フライトモードをAlt_HoldにしてからArmします．Arm後プロペラがアイドリング的にゆっくりと回転しています．スロットルレバーが中央付近まではアイドリング状態が続きます．中央付近以上になると，上昇の速度命令とみなされてモータ回転数が上がっていき，上昇を開始します．適当な高さになったところでスロットルレバーを中央に戻して様子を見ます．初めてAlt_Holdで飛行を行う場合ですが，振動対策が十分でない場合機体が勝手に上昇してしまうことがあります．こういった場合はStabilizeモードに変更して，スロットル操作で機体を降ろし，振動対策をしてください．

次のHPに従って調整をしてください．

https://ardupilot.org/copter/docs/basic-tuning.html?highlight=throttle%20accel#throttle-tuning

さて，高度が一定に保たれてホバリングをしているときに，モータの回転音にうねりがある場合は，機体重量に対して推力が大きいために高度制御が振動しています．こういった場合には，図8.58の拡張チューニングにおいて，スロットルアクセルのPゲインをちょっとずつ下げて様子を見てください．うねりがなくなればOKです．

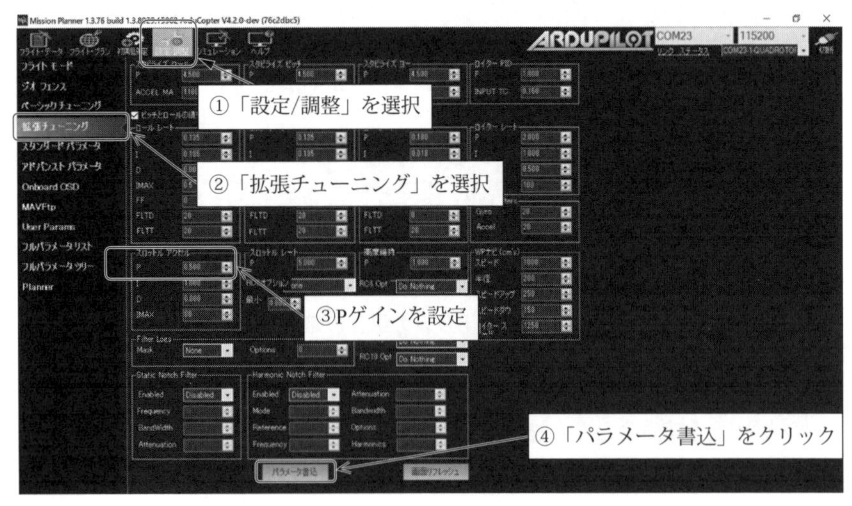

図8.58　スロットルアクセルPゲインの調整

8.4.5 姿勢制御のパラメータ調整

姿勢制御のパラメータ調整については，次の HP に詳しく説明されています．

https://ardupilot.org/copter/docs/common-tuning.html

また，ある程度手動でパラメータを調整した後，AutoTune で仕上げをすることができます．

https://ardupilot.org/copter/docs/autotune.html

ここでは調整方法の一つ，送信機を使った調整をやってみます．

https://ardupilot.org/copter/docs/common-transmitter-tuning.html

筆者の経験上，初めての飛行ではロール軸・ピッチ軸の応答には問題ありませんが，ヨー軸の応答は鈍いことが多いです．そこで，ヨー軸のパラメータ調整を紹介します．

実際に機体をホバリングさせながらパラメータ調整をする方法としては，送信機の Ch6 をボリュームに割り当てて行う方法があります．詳細はこちらに記述されています．

https://ardupilot.org/copter/docs/common-transmitter-tuning.html

まず，送信機の設定で Ch6 をボリュームに割り当てます（図 8.6 参照）．

次に，MP の「設定/調整」の「拡張チューニング」を開けます．図 8.59 の赤枠内の RC6 オプションのリストボックスをクリックすると，チューニングできるパラメータのリストが表示されます．ここではまず「Stab Yaw kP」を選びます．これはヨー軸角度の制御に関する P ゲインの設定を指定します．

次に，図 8.60 の青枠の Max と緑枠の Min の値を設定します．これは，Ch6 のボリュームつまみで設定できるパラメータの最大値・最小値を設定できます．ここでは，標準の「スタビライズ　ヨー」ゲインが 4.5 ですので，最大値を倍の 9，最小値を 4.5 とします．パラメータリスト・最大値・最小値を設定したら，図 8.60 の「パラメータ書込」をクリックして，設定するパラメータとその最大値・最小値を記憶させます．その後，ボリュームをどちらか一方の端まで回してから，図 8.60 の「画面リフレッシュ」をクリックして，現在のパラメータの値を読み込みます．すると，Stab Yaw kP の値が変化しています．

ここまで設定ができたら，いったん Stab Yaw kP の値を最小値である 4.5 にしてから Alt_Hold モードで機体を離陸させます．離陸後に適当な高度で機体をホバリ

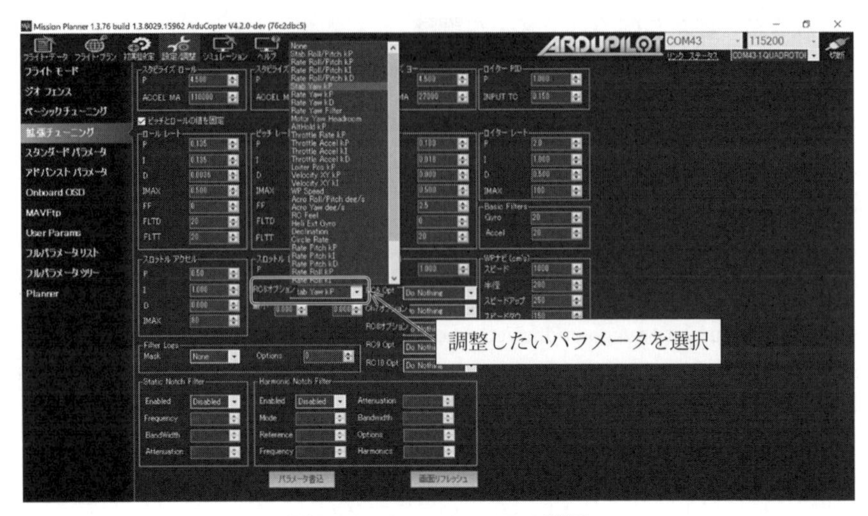

図 8.59　Stab Yaw kP の選択

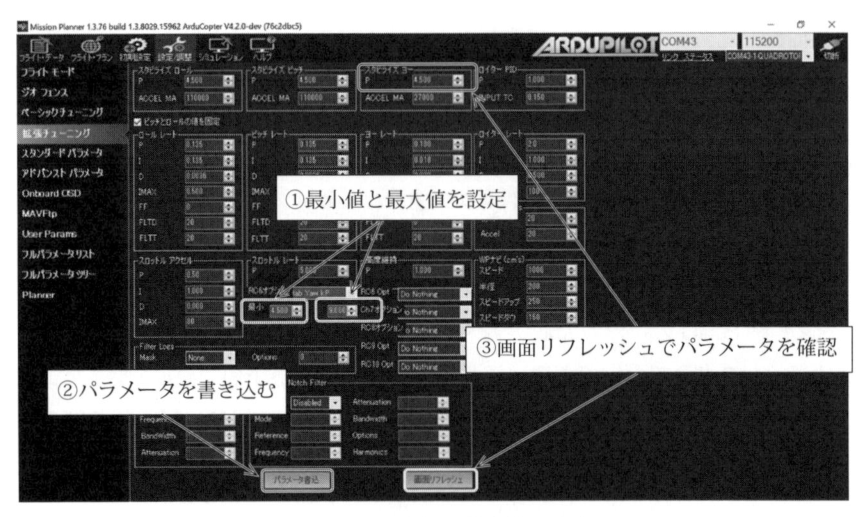

図 8.60　最大値・最小値の設定

ングさせ，ラダーを2秒入れてからニュートラルに戻します．このときに，機体がゆっくりと行き過ぎてから戻ってくる場合は，ゲインが足りていないのでボリュームを回してゲインを上げていきます．逆に激しく振動する場合はゲインが大きすぎるのでゲインを下げます．以上のように実際にホバリングさせてヨー軸の挙動を観察し，遅くもなく振動もないようにゲインを調整していきます．調整が終わったら機体を着陸させて Disarm して，「画面リフレッシュ」を押します．しばらくすると設定されたゲインの値が表示されます．それを記録した後，RC6 オプションを「Nothing」に変更して，「パラメータ書込」を押し，「画面リフレッシュ」を押します．設定されたゲインが，先に記録した値と同じであることを確認します．もし，違う場合は直接記録した値を入力して再度「パラメータ書込」と「画面リフレッシュ」で確認します．パラメータの値が確認できたら，これで調整は終わりです．

同様の操作をロール軸やピッチ軸でも行うことができます．

8.4.6 Loiter モードによる位置制御の調整

Loiter モードは，送信機のスティックが中央のとき，マルチコプタのそのときの位置を GPS からの位置情報を使って維持しようとします．このときのパラメータを調整します．

https://ardupilot.org/copter/docs/loiter-mode.html#tuning

まず，フライトモードを Loiter にして Arm し，浮上してみます．適当な高さになったところで送信機のスティック二つをニュートラルにします．すると，GNSS の位置情報を使った位置制御が始まります．

このとき，うまくパラメータが設定できていれば，ほぼ 1 か所にとどまります．逆にパラメータがうまく設定できていないときは，1 か所を中心とした円運動のような軌道で移動をします．このようなときは，だいたい位置制御の P ゲインか速度制御の P ゲインが足りていないことが原因です．ここでは Loiter モードで飛行させながらパラメータを調整する方法を行います．

8.4.5 項と同様に RC6 オプションを使います．図 8.61 の「ロイターPID」の P と「ロイターレート」の P を調整します．

まず，円運動のような動きをするときは，だいたいロイターPID の P（位置に関する PID 制御の P ゲイン）「Loiter Pos kP」が足りないことが原因です．RC6 オプションをリストボックスの項目から「Loiter Pos kP」に設定します（図 8.62）．これがロイターPID の P ゲインになります．最小値は 1 に，最大値は 3 くらいにして，「パラメータ書込」をクリックします．その後，ボリュームを回して「画面

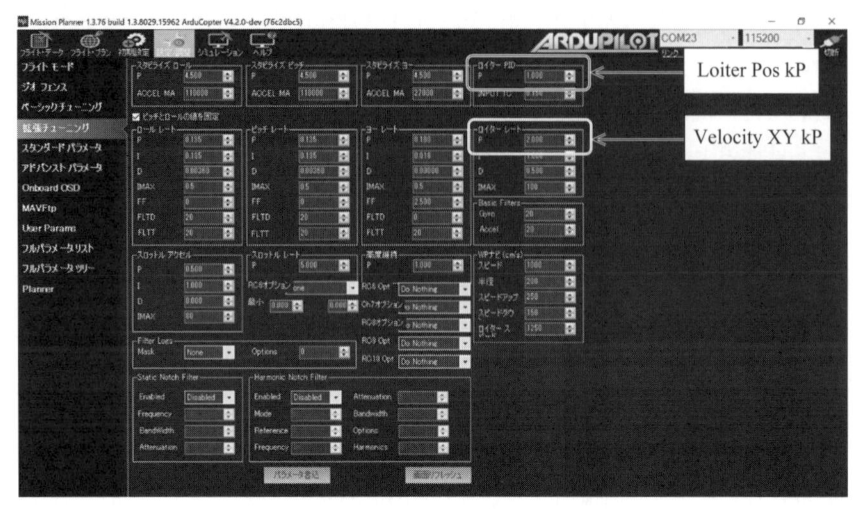

図 8.61　Loiter モードのパラメータ

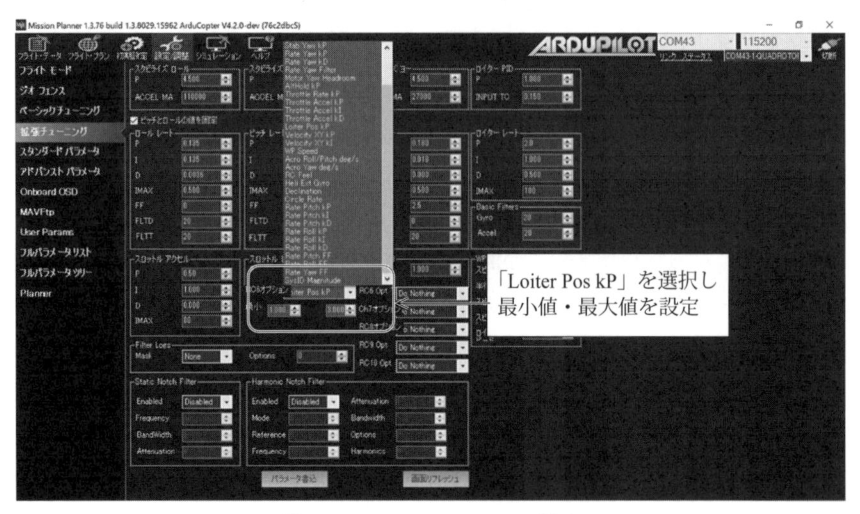

図 8.62　Loiter Pos kP の設定

リフレッシュ」をクリックし，ロイターPID の P ゲインが 1 になっていることを確認します．その後，Loiter モードで離陸し，適当な高度でホバリングをさせます．エルロンかエレベータを 3 秒ほど入れて移動させた後，スティックをニュートラルにして様子を見ます．ここで円運動のような動きをしたところで，送信機

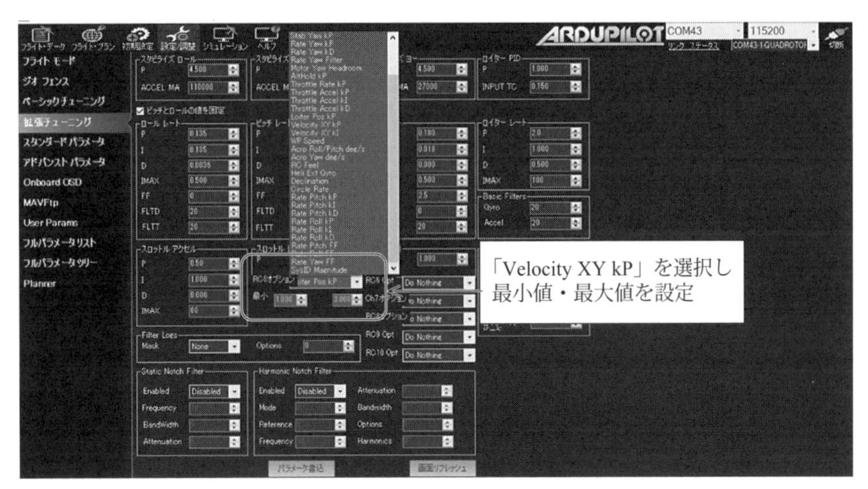

図 8.63　Velocity XY kP の設定

のボリュームを回して変化を見ていきます．動きが収まったところで，再びエルロンかエレベータで機体を移動させてからスティックをニュートラルにして様子を見ます．機体の動きが収まれば，調整は終わりです．

また，機体の動きが収まるまでに時間がかかるようでしたら，ロイターレートの P ゲイン「Velocity XY kP」を調整します．RC6 オプションを「Velocity XY kP」に設定して，最小値を 2，最大値を 6 として調整してみてください（図 8.63）．

最小値・最大値は機体の挙動やサイズ・重さに合わせて選んでください．

8.5　自律飛行

チューニングが終わったら，自律飛行をやってみましょう．これは図 8.64 でハイライトした部分にあたります．

ArduCopter は，WP（WayPoint）ファイルというデータファイルを読み込み，その内容に従って離陸，飛行，着陸などが行えます．WP ファイルは，MP の「フライト・プラン」で製作できます．

ここでは，「離陸→四角形の軌道を飛行→ RTL で離陸地点に着陸」を設定してみます．

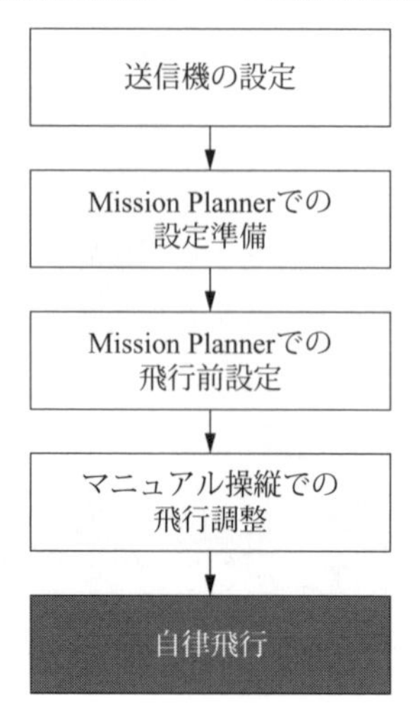

図 8.64　8.5 節の工程

図 8.65　フライト・プラン

図 8.65 が示す「フライト・プラン」では，地図とリストが表示されています．また，WP 半径とデフォルト高度というエディットボックスがあります．「WP 半径」は，設定された WayPoint（通過点）にマルチコプタが近づくとき，WP 半径に達したところで WP への到着とみなされる距離のことです．デフォルト高度

図 8.66　WayPoint 追加後

は，新しい WP が追加されるときに設定される高度になります．

さて，地図上にマウスカーソルを置いて左クリックすると，WP のマーカーが設置され，リストにその座標が追加されます（図 8.66）．リストの左端はコマンドになります．図では WP になっています．WP は通過点の意味であり，この座標にマルチコプタが飛んでいきます．

リストの項目をみると，コマンドが WP のときは左から Delay，空白，空白，空白，Lat，Long，Alt，Frame となっています．Delay は，マルチコプタが WP に到着してからの待ち時間，Lat と Long は緯度・経度，Alt は高度，Frame は高度の種類で「絶対高度」「離陸地点からの相対高度」「地表からの高度」の設定になっています．

まずは，このコマンドをマウスでクリックしてコマンドリストを表示させ（図 8.67），「TAKEOFF」を選びます．すると図 8.68 のようになります．コマンドが「TAKEOFF」の場合，リストの項目は Alt と Frame だけが有効になります．これは，TAKEOFF コマンドで離陸後に上昇する高さを指定します．ここでは 5 m としておきます．

「TAKEOFF」の後は，四角形の頂点になるように WP を追加しました．高度は

図 8.67　TAKEOFF コマンドの選択

図 8.68　TAKEOFF コマンドの表示

5 m 一定にしました（図 8.69）．リストの 2 番目から 5 番目がそれになります．つづけて 6 番目を設置し，コマンドリストから RETURN_TO_LAUNCH を選び（図 8.70）設定しました（図 8.71）．ここまでで WP ファイルとしてファイルに保存します．保存が済んだら，「WP の書込み」で FC に送ります．その後「WP

図 8.69　WayPoint の追加

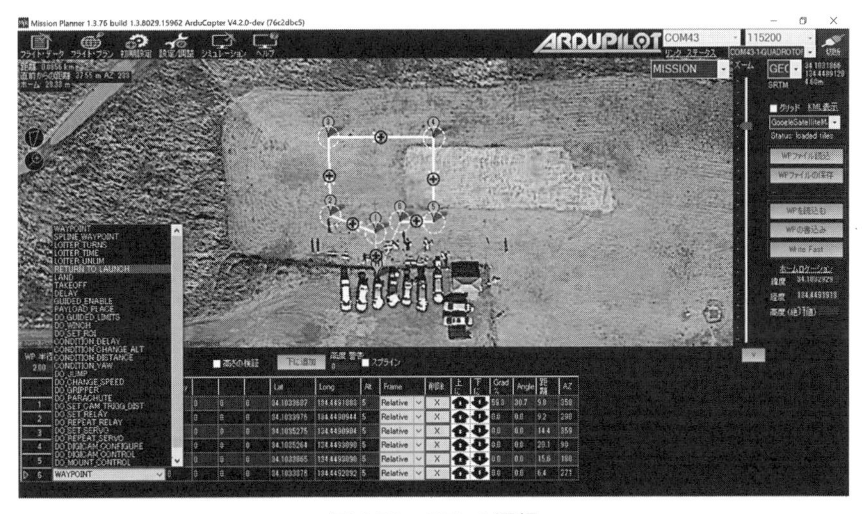

図 8.70　RTL の選択

を読込む」で WP データを確認します.

最後に,「設定/調整」>「フルパラメータリスト」から RTL_ALT を設定します（図 8.72）. RTL を開始すると，マルチコプタは高度を RTL_ALT で設定した高さまで上げた後，離陸地点上空まで移動して着陸します．また，高度が RTL_

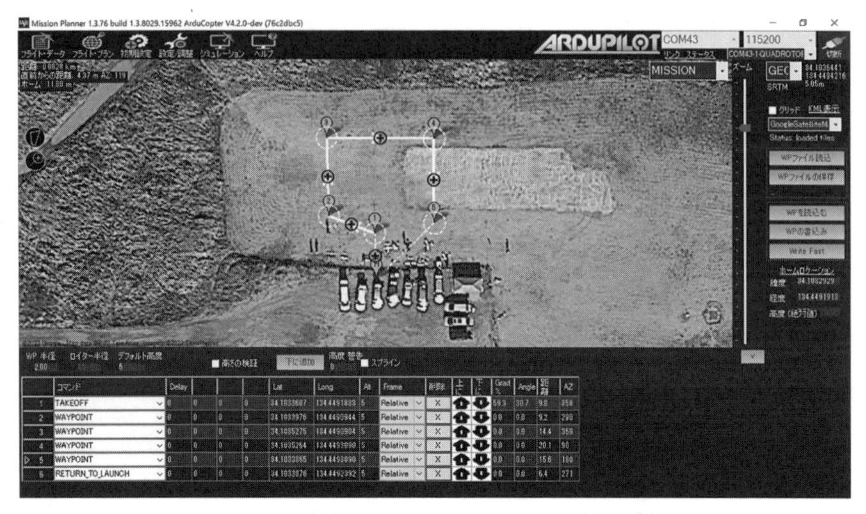

図 8.71　完成した WayPoint データ（口絵⑯）

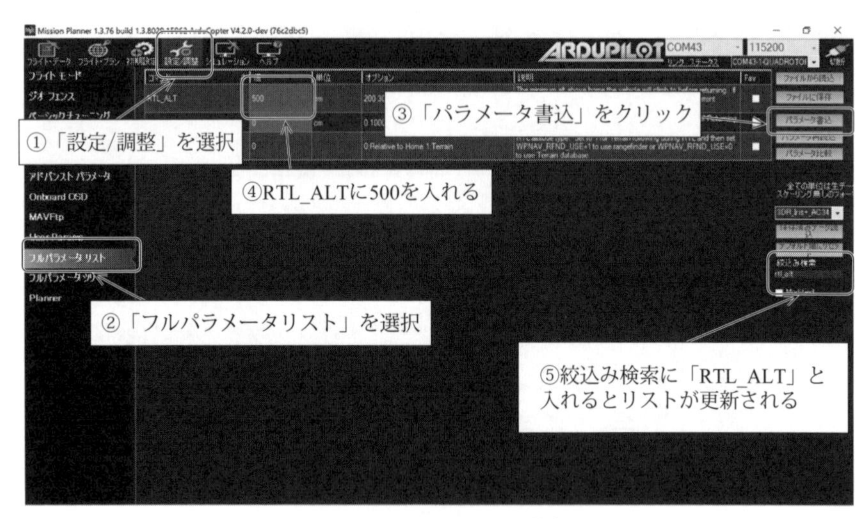

図 8.72　RTL_ALT の設定

ALT より高い場合はその高度のままで離陸地点まで移動して着陸します．ここでは WP の高度を 5 m としていたので，RTL_ALT も 5 m としましょう．

WP データの確認ができたら，MP は「フライト・データ」にします．

機体を離陸地点においてフライトモードをLoiterにしてArmします．スロットルをニュートラルにしてからフライトモードをAutoにします．すると，自律飛行が始まります．

離陸して5 mに上昇後，各WPを通過し，RTLによって離陸地点上空まで戻ってから着陸します．このときの飛行の様子はテレメトリ通信により，「フライト・データ」の地図上でリアルタイムで表示されます．

本章では初飛行の準備，操作，自律飛行の準備，操作を紹介しました．初めてドローンを扱う方や，同じく初めてオープンソースの機体を扱う方には戸惑うこともあるかと思います．しかし，ここまでの各工程の作業・操作は，ドローンのオペレーションに必要なことがひととおり含まれています．自律飛行においては，WPファイルにコマンドを追加していくことで，空撮や運搬といった空中作業が実現できます．その場合，機体は自律で飛行しますから，機体の挙動を考慮してコマンドを入力していく必要があります．そのためにも，高度制御やGNSSを用いた位置制御のもとでマニュアル操縦の練習をしておくことをおすすめします．

でもまあ，マニュアル操縦は楽しいです．堅苦しく考えず，安全に，マニュアル操縦の練習を楽しみましょう．

製作したドローンの登録義務化について

—登録しないと罰則が適用されますので，飛行前に必ず登録して下さい—

◆ドローン登録の目的

ドローン（無人航空機）登録義務化は，2020年の改正航空法施行に伴うものです．新設された第百三十一条の三〜十四の条文が根拠となります．この背景にはドローンの活用が広まる中，事故や必要な安全性の審査を受けないまま無許可で運用する事態がたびたび発生しており，飛行の安全が十分に確保できないという現状があります．このため，重量が100 g以上のドローンを登録制にし，機体の性能情報や所有者情報を把握したうえで，事故などの原因究明や，安全に運用できるルールづくりに役立てようというのが，今回の目的です．

ドローンは航空法第二条22項に規定されていますが，これまでは航空法施行規則第五条の二で「重量が200 g未満」は除く，とされていました．今回の改正に伴い，この重量が「100 g未満」と引き下げられ，重量100 g以上のドローンが登録義務化の対象として設定されました．これには一般的に「ドローン」と認識されているマルチコプタ型のほか，ラジコン飛行機やヘリコプタも含まれます．ラジコン飛行機やヘリコプタの愛好者は，自身が飛ばしている機材が重量100 g以上であるかをチェックしておきましょう．

◆ドローン登録の手続き

ドローンの登録はオンラインのほか，書類提出による申請が可能です．所有者の氏名や住所のほか，登録するドローンのメーカー，型番などの情報を入力し提出します．市販品を改造している場合は，その概要などの情報も一緒に提出する必要があります．登録に際しては所有者の厳格な本人確認が必要となります．個人の場合はオンラインの場合，マイナンバーカード，運転免許証，パスポートのいずれか．郵送の場合は住民票記載事項証明書（コピー不可）または健康保険証，運転免許証などいずれか2種類のコピーを申請書に同封してください．

所有者が法人の場合，オンラインではgBizIDが利用可能です．郵送の場合は登記事項証明書または印鑑証明書が必要です．日本に住居を有しない外国人の場合，パスポートの写し及び公的機関が発行した氏名，住所，生年月日が確認できる書類の写しが必要．代理人による申請ではこれらの書類のほか，委任状など代理権を証明する書類も必要です．

◆登録手数料と支払方法

登録手数料は申請方法によって異なります．マイナンバーカードやgBizIDを利用したオンライン申請の場合，1機目は900円，2機目以降は1機当たり890円がかかります．マイナンバーカードやgBizID以外のオンライン申請では，1機目が1 450円，2機目以降は1機ごとに1 050円となります．紙媒体による申請の場合，1機目は2 400円，2機目以降は1機ごとに2 000円かかります．この手数料は新規登録と更新申請手続きで必要となります．支払い方法はクレジットカード決済のほか，インターネットバンキングやATMによる振込み（電子納付）が可能です．

◆ドローン登録後の表示義務とリモートID搭載義務

登録申請が受理されて，審査の結果安全性に問題がないことが確認されると，ドローン1機ごとに登録記号（JUから始まる数字とアルファベットの組合せ）が発行されます．一般の航空機と同様，機体に規定のサイズで登録記号の記載が義務付けられます．登録記号のサイズは，ドローンの機体規模（重量）によって2種類に分かれます．25 kg以上の機体は高さ25 mm以上の文字で，25 kg未満の場合は高さ3 mm以上の文字で，マジックやシールなど耐久性のある方式により，外部から確認しやすく容易に取り外せない方法で記載しなければなりません．

人間が操縦する航空機の場合，航空管制を受けるための無線機を搭載しています．登録義務のあるドローンも同様で，機体の識別情報を無線で発信する「リモートID機能」の搭載が義務付けられます．リモートID機能は，有人航空機のADS-Bと同じく，機体の製造番号と登録記号，そして飛行する位置と高度，速度，時刻の情報を1秒に1回以上送信（通報）するもので，どんなドローンがどこで飛行しているかを識別するために使われます．ここに所有者や使用者の情報は含まれません．これに対応した機器は内蔵型と外付型を想定しており，改正航空法に適合したドローンであれば内蔵型，それ以外の機体では外付型を選択することになると思います．送信される電波はBluetoothやWi-Fiの規格によるものとされています．なお，リモートIDは何社かで製造販売されていますので，ネットで検索して購入し実装してください．

なお，リモートID機能の搭載には例外規定があり，機体を十分な強度のヒモ（長さ30 m以内）でつないで飛行させる場合や，あらかじめ国に届け出た特定区域で十分な監視体制のもと実施される飛行，警察や海上保安庁が警備など秘匿が必要な業務で実施する飛行では免除されます．

◆ドローン登録の例外規定

ドローンは発展途上の航空機であり，新しい技術を反映させた機体が毎年のように誕生しています．これらの飛行を妨げないため「試験飛行」名目であれば，ドローンの登録を不要とすることができる例外規定があります．これについては下記の参考文献を参照してください．または，直接下記に電話して確認してください．

ドローンの登録について，国土交通省では「無人航空機登録ポータルサイト」を開設し，解説の動画やハンドブック（PDF版）などを掲載しています．すでにラジコン飛行機やヘリコプタを含むドローンをお持ちの方，これから購入を予定している方は，参照しておくことをおすすめします．

［無人航空機ヘルプデスク］
電話：050-5445-4451
受付時間：平日9時から17時まで
（土・日・祝・年末年始（12月29日から1月3日）を除く）

【参考文献】

［1］ 国土交通省「無人航空機登録要領」, https://www.mlit.go.jp/koku/content/001442849.pdf
［2］ 国土交通省「無人航空機登録ポータルサイト」，https://www.mlit.go.jp/koku/drone/
［3］ 国土交通省「無人航空機の登録ハンドブック」，https://www.mlit.go.jp/koku/content/mlit_HB_web_0118.pdf
［4］ 国土交通省「ドローン登録システム－よくある質問」，https://www.dips-reg.mlit.go.jp/drs/question.html

索　　引

■ 英数字 ■

ACTUATOR_OUTPUT_STATUS メッセージ　*152*
AHRS　*79*
AP　*6*
APM　*69*
ArduPilot　*74*
ArduPilot Mega　*69*
Arm　*182*
Atom　*69*
ATTITUDE メッセージ　*151*
AutoQuad　*74*
AUX チャンネル　*159*

BEC　*38*
BLDC モータ　*33*

CC3D　*69*
CFRP　*24*
C2 リンク　*8*

Disarm　*182*
Dronecode コミュニティ　*75*

EKF　*80, 86*
EKF3　*89*
Erie-Brain 3　*71*
ESC　*36*

FC　*6*
FlyMaple　*70*
FOC 制御　*38*
FPGA　*64*
FRP　*24*

GCS　*8, 144*
GFRP　*24*
Git　*111*
GLOBAL_POSITION_INT メッセージ　*151*
GPL ライセンス　*66*

IMU　*5, 27, 79*

LibrePilot　*74*
LiPo バッテリー　*40*

MARG センサ　*79*
MAV_CMD_DO_FOLLOW コマンド　*154*
MAV_CMD_NAV_LAND コマンド　*154*
MAV_CMD_NAV_TAKEOFF コマンド　*154*
MAV_CMD_NAV_WAYPOINT コマンド　*153*
MAVLink　*149*
MDF　*22*
Mission Planner　*155*
MultiWii　*74*

OcPoC　*66*
OSH　*62*
OSS　*62*

Paparazzi　*67*
Phenix Pro　*64*
Pixhawk/PX4　*67*
Pixhawk 2　*67*
Pixhawk 4 Mini　*6, 75*
PWM　*133*
PXFmini　*71*
P2400　*138*

QGroundControl　*156*

RC_CHANNELS_SCALED メッセージ　*152*

SAS　*91*
S.BUS 信号　*134*
SCALED_IMU メッセージ　*149*
SCALED_PRESSURE メッセージ　*150*
STOL 機　*2*

UAS　*144*
Ubuntu　*98*
UgCS　*157*

Visual Studio Code　*109*
VMware Workstation Player　*97*
VSCode　*109*
VTOL 機　*1*
V 字型ロータ配置　*17*

WayPoint（ウェイポイント）　*153, 202*

Xbee　*137*

4 発ロータ型ドローン　*10*

6 発ロータ型ドローン　*10*

ア　行

アウターロータ型　*35*
アクティブ型非平面ロータ配置　*18*
アップリンク　*8*
安全設定機能　*148*
アンチワインドアップ制御　*92*

一次モーメント　*84*
インナーロータ型　*34*

円周上ロータ配置　*15*
エンジン型　*4*
エンジン式ドローン　*30*
エンドポイント　*161*

オクトロータ型　*13*
オートパイロット　*6*
オープンソースソフトウェア　*62*
オープンソースハードウェア　*62*

カ　行

回転翼機　*1*
拡張カルマンフィルタ　*80, 86*
カルマンフィルタ　*82*
　——の推定アルゴリズム　*84*
慣性計測装置　*79*

機体監視機能　*147*
基地局　*8*
共分散　*84*
共分散行列　*84*

クアッドロータ型　*11*
空虚重量　*31*
クォータニオン　*79*
矩形型ロータ配置　*16*
矩形波制御　*38*

固定翼機　*1*
コマンド送信機能　*148*

サ　行

最適推定値　*84*
最密ロータ配置　*15*

事後状態推定値　*84*
事後推定値　*84*
姿勢推定アルゴリズム　*79*
姿勢センサ　*78*
姿勢方位基準装置　*79*
事前状態推定値　*84*
事前推定値　*84*
ジャイロセンサ　*79*

シュラウド・ダクトファン構造　*21*
状態推定誤差　*84*
シングルロータヘリコプタ　*1*

正弦波制御　*38*
積載重量　*31*

■タ　行■

ダウンリンク　*8*

地上局　*8*
地上局システム　*8, 144*
中質繊維板　*22*

テレメトリ通信　*8*
電動型　*4*
電動モータ式ドローン　*30*

同軸2重同転ロータ配置　*21*
同軸2重反転ロータ配置　*19*
登録義務化　*208*
トライロータ型　*10*

■ナ行・ハ行■

難燃性マグネシウム合金　*26*

二次モーメント　*84*

ハイブリッド型　*4*
ハイブリッド式ドローン　*30*
パッシブ型非平面ロータ配置　*18*

ピッチ　*10*
非平面型ロータ配置　*18*

フライトコントローラ　*6*
ブラシ付きDCモータ　*33*
ブラシレスDCモータ　*33*

ペイロード　*31*
ヘキサロータ型　*12*

■マ行■

マルチロータヘリコプタ　*1*

ミキシング　*95*
ミッション計画機能　*148*

無人航空機システム　*144*

■ヤ行・ラ行■

ヨー　*10*
予測推定値　*84*

リバース　*159*
リポバッテリー　*40*
リモートID機能　*209*
離陸重量　*31*

ロータ配置　*14*
ロータ発数　*10*
ロール　*10*

〈著者略歴〉

野波　健蔵（のなみ　けんぞう）［担当：1, 4 章］

一般財団法人 先端ロボティクス財団 理事長

1979 年東京都立大学大学院工学研究科機械工学専攻博士課程修了，1994 年千葉大学教授，2008 年千葉大学理事・副学長（研究担当），2014 年千葉大学特別教授，2017 年より千葉大学名誉教授

鈴木　智（すずき　さとし）［担当：2, 7 章］

千葉大学 大学院工学研究院 准教授

2008 年千葉大学大学院自然科学研究科博士後期課程修了．2009 年～ 2018 年 信州大学 助教，准教授を経て，2019 年より千葉大学工学研究院 准教授，現在に至る．

王　偉（おう　い）［担当：3 章］

南京信息工程大学 教授

2009 年千葉大学大学院自然科学研究科博士後期課程修了．2009 年 4 月～ 2010 年 3 月千葉大学ポスドク研究員，2010 年 4 月より南京信息工程大学教授，現在に至る．

三輪　昌史（みわ　まさふみ）［担当：5, 6, 8 章］

徳島大学 大学院社会産業理工学研究部 准教授

1996 年徳島大学大学院工学研究科博士後期課程生産開発工学専攻退学，2007 年同 講師，2014 年より同 准教授，現在に至る．

ドローンのつくり方・飛ばし方

―構造、原理から製作・カスタマイズまで―

2022 年 8 月 1 日　第 1 版第 1 刷発行
2023 年 8 月 10 日　第 1 版第 5 刷発行

著　者　野波健蔵・鈴木　智
　　　　王　　偉・三輪昌史
発行者　村上和夫
発行所　株式会社 オーム社
　　　　郵便番号 101-8460
　　　　東京都千代田区神田錦町 3-1
　　　　電話 03(3233)0641(代表)
　　　　URL https://www.ohmsha.co.jp/

印刷・製本　美研プリンティング
ISBN978-4-274-22905-3　Printed in Japan